Stefan Marz

Gasphasenumsetzung von Dimethylmaleat zu Tetrahydrofuran

Prozessintensivierung und Kinetik

Gasphasenumsetzung von Dimethylmaleat zu Tetrahydrofuran

Prozessintensivierung und Kinetik

von
Stefan Marz

Dissertation, Karlsruher Institut für Technologie (KIT)
Fakultät für Chemieingenieurwesen und Verfahrenstechnik
Tag der mündlichen Prüfung: 26. Juli 2013

Impressum

 Scientific
Publishing

Karlsruher Institut für Technologie (KIT)
KIT Scientific Publishing
Straße am Forum 2
D-76131 Karlsruhe

KIT Scientific Publishing is a registered trademark of Karlsruhe
Institute of Technology. Reprint using the book cover is not allowed.

www.ksp.kit.edu

Print on Demand 2014

ISBN 978-3-7315-0093-3

Gasphasenumsetzung von Dimethylmaleat zu Tetrahydrofuran

Prozessintensivierung und Kinetik

zur Erlangung des akademischen Grades eines
DOKTORS DER INGENIEURWISSENSCHAFTEN (Dr.-Ing.)

der Fakultät für Chemieingenieurwesen und Verfahrenstechnik des
Karlsruher Instituts für Technologie (KIT)

genehmigte
DISSERTATION

von
Dipl.-Ing. Stefan Marz
aus Landau i. d. Pfalz

Referent:	Prof. Dr. Bettina Kraushaar-Czarnetzki
Korreferent:	Prof. Dr.-Ing. Michael Türk
Tag der mündlichen Prüfung:	26. Juli 2013

Danksagung

Diese Arbeit enstand in den Jahren 2009 bis 2012 am Institut für Chemische Verfahrenstechnik des Karlsruher Instituts für Technologie (KIT)

Mein besonderer Dank gilt Frau Professor Dr. Bettina Kraushaar-Czarnetzki für die Möglichkeit der Promotion und die Überlassung des Themas. Herrn Dr.-Ing. Steffen Peter Müller danke ich für die ständige Bereitschaft zur Diskussion, die konstruktive Kritik und die moralische Unterstützung. Die gewährte wissenschaftliche Freiheit und die motivierende Unterstützung beider haben wesentlich zum Gelingen der Arbeit beigetragen.

Herrn Prof. Dr.-Ing. Michael Türk danke ich für die freundliche Übernahme des Korreferats und für die kritische Durchsicht des Manuskriptes.

Weiter gilt mein Dank Herrn Prof. Dr. ès. sci. Hans-Günther Lintz für seine Unterstützung und Hilfsbereitschaft sowie für das Korrekturlesen des Manuskriptes.

Danke auch an Dipl.-Ing. Hannes Arz, Dipl.-Ing. Felix Götz, Dipl.-Ing. Hannes Bessinger, Dipl.-Ing. Dominik Knödl und Dipl.-Ing. Daniel Weber für die engagierte Mitarbeit im Rahmen ihrer Diplom- bzw. Studienarbeiten.

Allen Mitarbeitern des Insituts für Chemische Verfahrenstechnik recht herzlichen Dank für die gute Zusammenarbeit und für die hilfsbereite sowie freundliche Arbeitsatmosphäre. Besonders zu erwähnen ist Dr.-Ing Philip Mülheims, der mir von der Diplomarbeit bis zum Schreiben der Dissertation immer mit Rat und Tat zur Seite stand. Weiterhin sei das Schwimmteam des Instituts um Dipl.-Ing. Stephanie Renz und Dipl.-Ing. Ingo Gräf genannt, das mich regelmäßig begleitet hat.

Schließlich gilt ein besonderer Dank meiner Frau Jelena, die mir all die Jahre Rückhalt gegeben und die Zeiten großer Anspannung ausgehalten hat und meinen Kindern Miléne, Milian und Luca, die mir jeden Tag mit einem Lachen gezeigt haben, was wirklich wichtig ist.

Für meine lieben Kinder

Miléne, Milian und Luca

Inhaltsverzeichnis

1 Einleitung

Tetrahydrofuran ist ein fünfgliedriger cyclischer Ether und ein wichtiges Zwischenprodukt der industriellen organischen Chemie. Es wird nach Arpe (2010) und Müller (2011) als Lösungsmittel für die Herstellung von Pharmazeutika und Kunststoffen sowie als Edukt für die Produktion von Polyester, Polyamiden und Polyurethane eingesetzt. Der größte Teil der Tetrahydrofuran-Produktion wird zu Poly(tetramethylenoxid) weiterverarbeitet, das als kohärente Weichphase in Textilfasern zum Einsatz kommt und den Fasern eine hohe Dehnbarkeit und Formbeständigkeit verleiht. Der Markt dieses hochwertigen Kunststoffes befand sich im letzten Jahrzehnt in einem stetigen Wachstum von 4 – 7 % pro Jahr.

Tetrahydrofuran wird vorwiegend an sauren Katalysatoren durch Dehydratisierung von 1,4-Butandiol gewonnen. Dieses Intermediär wird nach Gräfje (2005) heute immer noch zu etwa 40 % aus Formaldehyd und Acetylen über den ältesten Prozessweg, den Reppe-Prozess, hergestellt. Trotz der stetigen Weiterentwicklung dieses Prozesses sind die Edukte vergleichsweise teuer, krebserregend sowie teilweise instabil.

Durch den Fortschritt der Petrochemie ist der Wechsel von der Acetylenchemie zur Olefinbasis für viele Zwischenprodukte bereits vollzogen. So wurden in den 1970er bis 1990er Jahren die olefinbasierten Prozesse, wie der Mitsubishi-Kasei-, Arco- und Eastman-Prozess, zur kombinierten Herstellung von 1,4-Butandiol, γ-Butyrolacton und Tetrahydrofuran entwickelt. Der absolute Durchbruch dieser Prozesse blieb jedoch wegen ihrer teilweise exotischen Edukte, mehrstufigen Prozessführungen, erheblichen Abfallproduktmengen und geringen Ausbeuten aus.

Der wachsende Bedarf an hochwertigen Kunststoffen verlangt deshalb nach der Weiter- und Neuentwicklung von großtechnischen Prozessen, in denen 1,4-Butandiol und Tetrahydrofuran preiswert, effizient und umweltschonend hergestellt werden können. Auf der Suche nach günstigeren Herstellungsmöglichkeiten sind heute Synthesewege auf Paraffinbasis im Fokus der Forschung. Hauptsächlich werden Maleinsäure- und Bernsteinsäureanhydrid sowie deren Säuren- und Esterderivate, die sich heute günstig über die partielle Oxidation von n-Butan gewinnen lassen, für die Synthese von 1,4-Butandiol und Tetrahydrofuran verwendet.

Hierzu wurde in den 1980er Jahren der dreistufige Davy-Prozess entwickelt. Maleinsäureanhydrid wird zu Dimethylmaleat verestert, das anschließend zu Dimethylsuccinat hydriert wird und unter Methanolabspaltung zu γ-Butyrolacton reagiert. γ-Butyrolacton wiederum steht im Gleichgewicht mit 1,4-Butandiol, welches unter Wasserabspaltung zu Tetrahydrofuran weiterreagiert. Das vereinfachte Reaktionsschema der Gasphasenumsetzung von Dimethylmaleat zu Tetrahydrofuran ist in Abbildung 1.1 dargestellt.

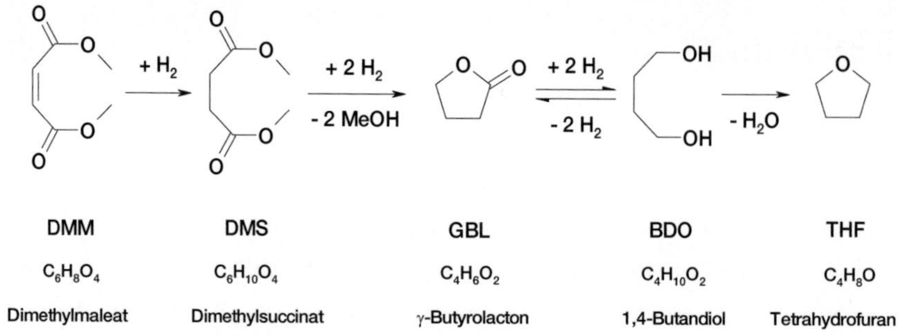

DMM   DMS   GBL   BDO   THF

$C_6H_8O_4$ $C_6H_{10}O_4$ $C_4H_6O_2$ $C_4H_{10}O_2$ C_4H_8O

Dimethylmaleat   Dimethylsuccinat γ-Butyrolacton   1,4-Butandiol   Tetrahydrofuran

Abbildung 1.1: Vereinfachtes Reaktionsschema der Gasphasenumsetzung von Dimethylmaleat zu Tetrahydrofuran.

1,4-Butandiol kann durch Umesterung mit Dimethylsuccinat Polyester bilden, der sich im Reaktor und den folgenden Anlagenteilen ablagern und zum Ausfall der Produktionsanlage führen können. Deswegen werden die einzelnen Reaktionsschritte getrennt voneinander durchgeführt. In der ersten Reaktionsstufe wird γ-Butyrolacton gebildet, das in der zweiten Stufe bei deutlich höherem Druck zu 1,4-Butandiol umgesetzt wird. In der dritten Stufe erfolgt die Dehydratisierung an sauren Katalysatoren zu Tetrahydrofuran.

Müller (2005) hat bereits gezeigt, dass die Gasphasenumsetzung von Dimethylmaleat zu Tetrahydrofuran durch Einsatz bifunktioneller Katalysatoren einstufig und bei deutlich milderen Prozessbedingungen durchgeführt werden kann. Dazu wurden Kupfer-/Zinkoxid und γ-Aluminiumoxid in die Form von Extrudaten gebracht. Kupfer ist hierbei die aktive Spezies, die die Hydrierung katalysiert. Zum einen fungiert γ-Aluminiumoxid als Binder und zum anderen unterstützen die schwach sauren Zentren die Dehydratisierung. Zur Vermeidung der Polyesterbildung bei der einstufigen Durchführung wurde ein hohes Wasserstoff/DMM-Verhältnis von 250 gewählt. Dies würde in einem realen industriellen Prozess zu einer großen Wasserstoff-Kreisgasmenge führen, die sich negativ auf die Wirtschaftlichkeit des Gesamtprozesses auswirkt.

Das Ziel der vorliegenden Arbeit ist die weiterführende Untersuchung der einstufigen Gasphasenumsetzung von Dimethylmaleat zu Tetrahydrofuran. Ein besonderes Augenmerk gilt dabei der Beschreibung der Formalkinetik sowie der Untersuchung der Prozessintensivierung. Im Zuge dessen wird auf die Vermeidung der Polyester- und Polymerbildung eingegangen. Des Weiteren soll gezeigt werden, wie weit das Wasserstoff/DMM-Verhältnis im Rahmen der sicheren Durchführung reduziert und in wie weit der Durchsatz bzw. die Raum-Zeit-Ausbeute an Tetrahydrofuran gesteigert werden kann.

In Kapitel 2 werden die technischen Prozesse zur Darstellung von Tetrahydrofuran zusammen-gefasst. Ausgehend von der historischen Entwicklung bis zum heutigen Stand der Technik werden auch die Methoden der Biotechnologie vorgestellt. In Kapitel 3 werden Versuchsapparaturen und -durchführungen beschrieben. In Kapitel 4 werden der Einfluss der Reaktionsbedingungen und die Ergebnisse der reaktionstechnischen Untersuchungen insbesondere der Reduktion des Wasserstoff/DMM-Verhältnisses behandelt, bevor die formalkinetische Beschreibung der Reaktion in Kapitel 5 vorgestellt wird. Es folgen in Kapitel 6 die Ausführungen zur Prozessintensivierung und in Kapitel 7 Hinweise zur Vermeidung der Polyester- sowie Polymerbildung. Den Abschluss bilden in Kapitel 8 die physikalisch-chemischen Eigenschaften des Katalysatorsystems.

2 Hintergrund

2.1 Verwendung von BDO, GBL und THF

1,4-Butandiol (BDO, $C_4H_{10}O_2$) ist ein Zwischenprodukt der chemischen Industrie und wird als solches nach Arpe (2010) zu etwa 40 % zu Tetrahydrofuran weiterverarbeitet. Polykondensiert man BDO mit Terephthalsäure, erhält man Polybutylenterephthalat (PBT). Dieser thermoplastische Kunststoff besitzt ähnliche Eigenschaften wie Polyethylenterephthalat (PET) und eignet sich für die Herstellung von Folien und Fasern. Wegen seiner Festigkeit, seinen Verschleißeigenschaften und seiner chemischen Widerstandsfähigkeit wird er als Werkstoff im Fahrzeugbau und für Gehäuse von Elektrogeräten eingesetzt. Polyurethane werden unter anderem durch Polyaddition von BDO und Diisocyanaten hergestellt. Dieses Elastomer findet nach Gräfje (2005) breite Anwendung als Dichtstoff (Schaum), als Faser und als Gussmasse für Hartplastik. Darüber hinaus wird BDO als Lösemittel und Ausgangsstoff für Spezialchemikalien verwendet.

γ-Butyrolacton (GBL, $C_4H_6O_2$) als Folge- bzw. Nebenprodukt der BDO-Herstellung wird als Lösemittel bei der Kunststoff- und Pharmaproduktion eingesetzt. Aus GBL, Ammoniak und Methylamin kann man nach Schwarz et al. (2012) 2-Pyrrolidon bzw. n-Methyl-2-Pyrrolidon (NMP) herstellen, das als Extraktionsmittel in der Erdölindustrie genutzt oder für Medizinprodukte zu 2-Vinyl-pyrrolidon weiterverarbeitet wird. Darüber hinaus wird GBL zur Herstellung von Herbiziden und von Vitamin B_1 benötigt. GBL kann durch basische Verseifung zu 4-Hydroxybutansäure (GHB) umgewandelt werden, die auch unter dem Begriff Liquid Extasy bekannt ist. Wie die Berufsgenossenschaft d. chemischen Industrie (2005) beschreibt, metabolisiert GBL im menschlichen Körper sehr leicht zu GHB, dessen stimulierende und aufputschende Wirkung bei höhere Dosierung einschläfernd wirkt. Aufgrund der narkotischen Wirkung wird der Vertrieb von GBL überwacht, seine unrechtmäßige Verbreitung ist nach Deutsch und Lippert (2010) unter Strafe gestellt.

Tetrahydrofuran (THF, C_4H_8O) wird nach Müller (2011) zum größten Teil unter Ringöffnung zu Poly(tetramethylenoxid) (PTMO) polymerisiert. Dieser Stoff ist unter den Verkaufsnamen PolyTHF (BASF), Terathane (DuPont) und Polymeg (Quaker Oats) besser bekannt und bildet das Weichsegment der Spandex- und Elastanfaser. Kombiniert mit anderen Fasern werden Stoffe gefertigt, die aufgrund ihrer Elasitzität, Formbeständigkeit und Hautverträglichkeit vielfältige Verwendung finden, z. B. bei der Herstellung von Stretch-Jeans und Funktionskleidung. Darüber hinaus ist THF auch Lösemittel, das zum Beispiel bei der Herstellung von Polyvinylchlorid (PVC) eingesetzt wird. Außerdem wird THF zu thermoplastischen Polyurethan-Elastomeren weiterverarbeitet, die zu flexiblen und abriebfesten Schläuchen geformt werden.

2.2 Industrielle Syntheseverfahren

2.2.1 Überblick

Abbildung 2.1 gibt eine Übersicht über die möglichen Syntheserouten ausgehend von unterschiedlichen Edukten zu γ-Butyrolacton, 1,4-Butandiol und Tetrahydrofuran. Die einzelnen Möglichkeiten wurden im Laufe der Zeit entwickelt. Sie sind von unternehmerischen Entscheidungen aufgrund unterschiedlicher Markteinschätzungen und der Fortentwicklung der technischen Möglichkeiten beeinflusst. Im Folgenden soll diese Entwicklung kurz skizziert werden, wobei in den Unterkapiteln die technische Beschreibung der Verfahren und Katalysatoren im Vordergrund steht.

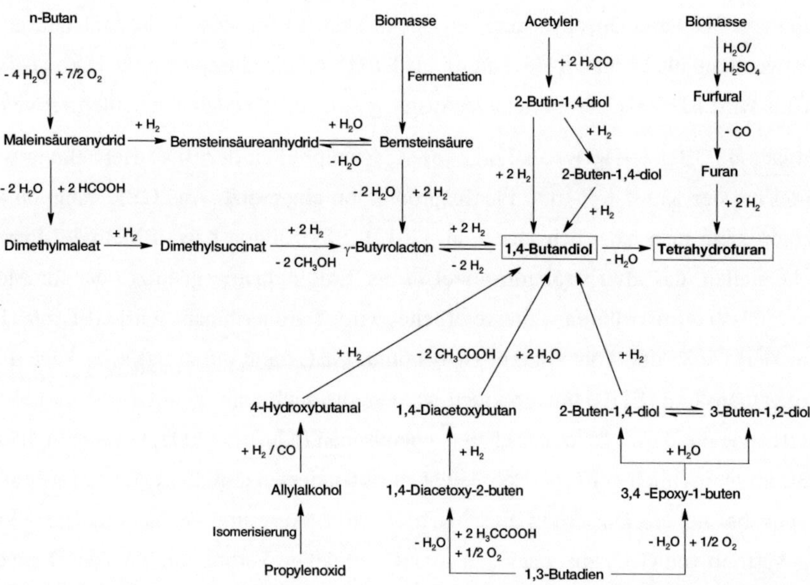

Abbildung 2.1: Mögliche Reaktionswege zu 1,4-Butandiol und Tetrahydrofuran.

In den 1930er Jahren entwickelte Walter Reppe bei der IG Farben einen Prozess zur Herstellung von BDO aus Acetylen und Formaldehyd. Die Herausforderung mit Acetylen unter Druck zu arbeiten wurde von ihm gelöst und nachträglich von den Behörden erlaubt. Dieses Verfahren war bis in die 1970er Jahren, neben der Darstellung von THF aus Furfural, das einzige großtechnische Verfahren. Auf der Suche nach günstigeren Edukten wurden olefinbasierte Verfahren ausgehend von Propylenoxid und 1,3-Butadien entwickelt. Weil diese mehrstufigen Verfahren kompliziert waren, unzureichende Ausbeute lieferten und gleichzeitig der technische Reifegrad des Reppe-Prozesses fortschritt, blieben sie jenen Firmen vorbehalten, die sich für die Errichtung solcher Anlagen entschieden hatten. Ernsthafte Konkurrenz bekam das Reppe-Verfahren

Tabelle 2.1: Produktionskapazitäten verschiedener Hersteller von 1,4-Butandiol und Tetrahydrofuran mit Angabe der Syntheseroute.

Hersteller (Standort)	Syntheseroute	BDO (t/a)	THF (t/a)
BASF AG [1] (Deutschland)	Reppe	190.000	weltweit
BASF AG [1] (USA)	Reppe	135.000	insgesamt
BASF AG [1] (Malaysia)	Davy	100.000	290.000
BASF AG [1] (China)	-	110.000	
BASF AG [1] (Japan)	Reppe	50.000	
ISP [2] (Deutschland)	Reppe	100.000	34.000
ISP [6] (USA)	Geminox	65.000	16.000
Korea PTG [6] (Südkorea)	Davy	30.000	10.000
Tonen [6] (Japan)	Davy	30.000	-
GACIC [3] (Saudi Arabien)	Davy	75.000	-
Shengli [6] (China)	Davy	30.000	5.000
Shanxi Sanwei [3] (China)	Reppe	75.000	[9] 15.000
Shanxi Sanwei [6] (China)	Davy	75.000	
Shanxi Sanwei [7] (China)	Davy	100.000	
TCCCC [3] (Taiwan)	Davy	30.000	-
Bluestar [3] (China)	Davy	55.000	44.000
Mitsubishi Chem. Corp. [4] (Japan)	Mitsubishi-Kasei	140.000	60.000
LyondellBasell [5] (USA)	Arco, Furfural	55.000	70.000
LyondellBasell [5] (Niederlande)	Arco	126.000	-
Dairen Chemical [8] (Taiwan)	Arco	130.000	100.000
Dairen Chemical [8] (China)	Arco	36.000	40.000
Dairen Chemical [8] (Taiwan)	Arco	120.000	60.000
Nan Ya Plastics [6,7] (Taiwan)	-	100.000	min. 10.000
Prosperity C. [6] (Taiwan)	Davy	30.000	-
Yunnan Yunwei G. C. [6] (China)	Reppe	25.000	-
Fujian M. Ltd. [6] (China)	Reppe	30.000	-
Shaanxi B. C. Ltd. [6] (China)	Reppe	30.000	-
Sichuan T. C. Ltd. [6] (China)	Reppe	60.000	46.000
Xingjiang M. C. Ltd. [6] (China)	Reppe	60.000	-

1) *BASF-AG (2011a,b)*   6) *Report (2011)*
2) *ISP-Marl (2011)*   7) *ICIS (2011)*
3) *Davy-Process-Technology (2011)*   8) *Dairen (07.12.2011)*
4) *Mitsubishi-Chemical-Corporation (2011)* 9) *Sanwei (08.12.2011)*
5) *LyondellBasell (2011)*

erst in den 1990er Jahren durch die Entwicklung des Davy-Prozesses. In diesem wird, ausgehend von günstig verfügbarem Butan zu Maleinsäureanhydrid (MSA) partiell oxidiert, anschließend verestert und zweistufig hydriert. Dieser Prozess hat seine Vorteile im günstigeren Edukt, der variablen Einstellung des Produktgemisches GBL, BDO und THF sowie in einer im Vergleich zu den anderen Prozessen besseren Umweltbilanz. Tabelle 2.1 gibt eine Übersicht über produzierende Firmen, verwendete Syntheserouten und ungefähre Kapazitäten, soweit die Angaben aus nichtkommerziellen Quellen zugänglich waren. Gerade im asiatischen Raum wurden nach dem BDO-Report (2011) zwischen 2000 und 2011 viele Anlagen basierend auf dem Reppe- und dem Davy-Prozess errichtet, da der Verbrauch an der in der Herstellungskette nachfolgenden Faser- und PBT-Industrien jährlich um etwa 21% wuchs. China hat sich somit zum größten nationalen Markt für BDO, GBL und THF entwickelt. Insgesamt haben sich die Produktionskapazitäten zwischen dem Jahr 2000 und 2010 durch Beseitigung von Anlagenengpässen in Europa sowie Nordamerika und Anlagenneubauten in Asien verdoppelt. In China ist das reiche Kohlevorkommen und der technische Fortschritt bei der Acetylen-Erzeugung aus Kohle ein Vorteil für Anlagen nach dem Reppe-Prozess, weswegen der oft als veraltet bezeichnete Prozess in vielen Anlagenneubauten gewählt wurde. In Zukunft wird aufgrund von neuen Luftreinhaltungsbestimmungen und geringeren Investitionskosten dem Davy-Prozess mehr Potential zugesprochen.

Um die verschiedenen Prozesse in dieser Arbeit korrekt beschreiben zu können, wurden weit mehr als 100 Patente und Veröffentlichungen bearbeitet. In Abbildung 2.2 werden diese nach Verfahren und nach dem Zeitraum der Veröffentlichung geordnet dargestellt. Hieraus sind verschiedene Tendenzen abzulesen. Patente zum Reppe-Prozess sind in jedem Jahrzehnt seit der Erfindung angemeldet worden. Dies ist ein Indiz für die kontinuierliche Weiterentwicklung und den hohen technischen Reifegrad des Prozesses. Ähnliches gilt für die THF Darstellung aus Furfural.

Für die drei olefinbasierten Prozesse findet man zwischen 1970 und 1990 Patente, also dem Zeitraum der Entwicklung bis zur Etablierung der Verfahren. Wegen der wenigen Veröffentlichungen jüngerer Zeit kann man vermuten, dass das Forschungsinteresse seitens der betreibenden Firmen nachgelassen hat. Ausgehend von der partiellen Oxidation von Butan gibt es zum einen das Davy-Verfahren oder die von mehreren Firmen versuchte MSA-Direkthydrierung. Beide Prozesse wurden seit den 1980er Jahren untersucht und wie man an den vielen Patentanmeldungen jüngerer Zeit sehen kann auch weiterentwickelt. Viele Patente der MSA-Direkthydrierung schließen die Hydrierung der entsprechenden Ester ein, so dass eine strikt getrennte Darstellung nicht möglich ist. Die vielen Patentanmeldungen in den 2000er Jahren sollten daher nicht überbewertet werden. Nach den dieser Arbeit zu Grunde liegenden Informationen scheint bisher nur das Davy-Verfahren (mit Veresterung der Maleinsäure (MS)) großtechnisch umgesetzt zu sein. Anhand der Veröffentlichungen zur Darstellung von Bernsteinsäure (BS) aus den 1990er Jahren bis heute kann man die Zukunftsvision einer kommenden Plattformchemikalie ableiten. Hierzu

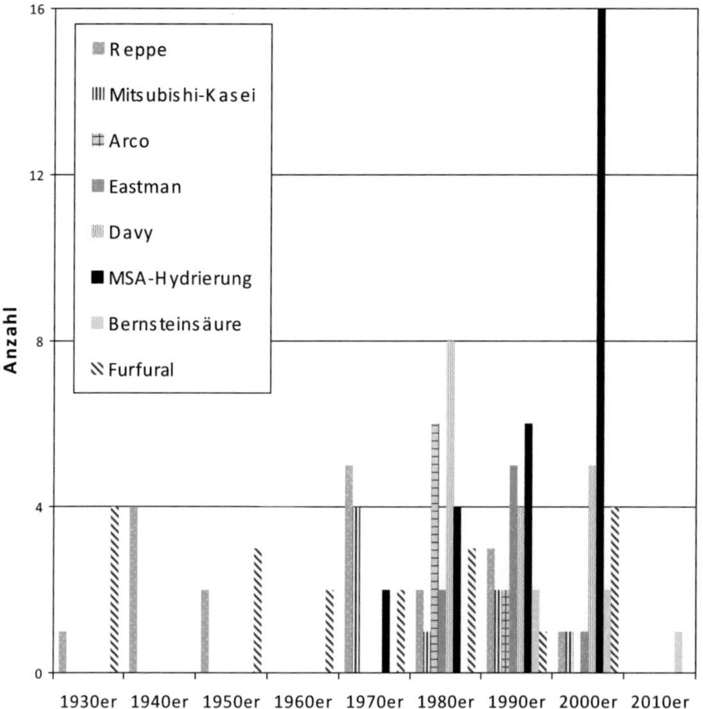

Abbildung 2.2: Überblick der bearbeiteten Patentveröffentlichungen geordnet nach
den Syntheseverfahren und dem Veröffentlichungszeitraum.

gibt es viele Forschungsarbeiten, die nur zu einem kleinen Teil für das nachfolgend beschriebene Verfahren berücksichtigt wurden.

In Tabelle 2.2 sind die gewählten Reaktortypen, die beschriebenen Reaktionsbedingungen und
die erzielbaren Selektivitäten/Ausbeuten der verschiedenen Verfahren zusammengefasst. Diese
Übersicht dient zur Orientierung und zum besseren Vergleich beim Lesen der folgenden Unterkapiteln.

Tabelle 2.2: Überblick der verschiedenen Verfahren unter Angabe der Prozessparameter sowie Edukt-, Reaktor- und Katalysatorwahl.

Syntheseroute	Edukt	Reaktor	Temperatur in °C	Druck in bar	Katalysator	Selektivität/Ausbeute
Reppe	Acetylen	1. Festbett	120 – 125	15 – 20	Kupferacetylid	Y = 95 %
		2. Festbett	60 – 80	20 – 30	Pd/Ag	Y = 93 – 95 %
		3. CSTR	125 – 140	20 – 40	Ni/Cu	Y = 93 – 95
Mitsubishi-Kasei	1,3-Butadien	1. Festbett	60 – 180	1 – 200	Pd/Te	S = 90 %
		2. Festbett	60 – 170	10	Pd	Y = 99 %
		3. Festbett	40 +	1 – 11	Kationenaustausch-harz oder Al_2O_3	variabel einstellbar
Arco	Propylenoxid	1. Festbett	270 – 320	p_{atm}	Li_3PO_4	42 %
		2. CSTR	50 – 80	≤ 10	Rh-Komplex	70 %
		3. Festbett	150	30 – 35	Ni	?
Davy	Maleinsäure-anhydrid	1. Bodenkolonne	100 – 125	1 – 25	Ionenaustauschharz	Y = 100 %
		2. Festbett	170 – 190	35 – 62	Kupferchromit	variabel einstellbar
		3. Festbett	160 – 175	35 – 62	Kupferchromit	variabel einstellbar
Eastman	1.3-Butadien	1. Festbett	175 – 250	1 – 30	Ag/CsCl	S = 68 – 97 %
		2. CSTR	60 – 80	p_{atm}	HI	?
		3. Festbett	125 – 140	20 – 40	Ni	Y = 93 – 95 %
MSA-Hydrierung (BASF AG)	Maleinsäure-anhydrid	- Rohrreaktor - Rohrbündel - Wirbelschicht	235 – 270	3 – 7	- Cu/Al_2O_3 - $Cu/ZnO/Al_2O_3$	variabel einstellbar

2.2.2 Reppe-Prozess

Der Reppe-Prozess ist das erste großtechnisch betriebene Verfahren zur Herstellung von BDO und wurde in den 1930er Jahren von Walter Reppe bei der IG Farben entwickelt. Das auf Acetylen und Formaldehyd basierende Verfahren war bis zur Entwicklung des Mitsubishi-Kasei Prozesses Anfang der 1970er Jahre das einzige kommerziell betriebene Verfahren. Ab 1945 folgte die Synthese der Folgeprodukte GBL durch Dehydrierung und THF durch Dehydration. Die Produktion von BDO war jahrelang auf wenige Hersteller wegen der Gefahr des explosionsfähigen Acetylens und den daraus resultierenden Sicherheitsbestimmungen beschränkt. Abbildung 2.3 zeigt als Fließbild den ursprünglichen Reppe-Prozess:

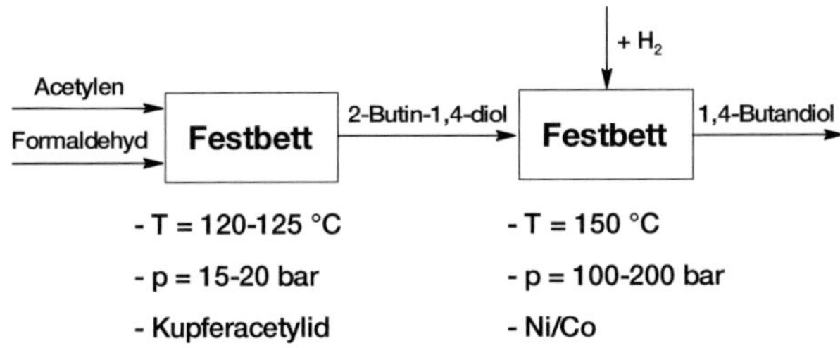

Abbildung 2.3: Grundfließbild des zweistufigen Reppe-Prozesses (Stand 1940).

Seit der Entwicklung des Verfahrens haben sich verschiedene Änderungen ergeben: Im 1. Verfahrensschritt wird Acetylen und Formaldehyd an festen, heterogenen Katalysatoren zu 2-Butin-1,4-diol umgesetzt. Dafür gibt es zwei Verfahrensvarianten. Zuerst erfolgte die Reaktion in der Zweiphasenströmung, bestehend aus gasförmigen Acetylen und flüssigem Formaldehyd, an einem als Festbett angeordneten Katalysator nach Reppe und Keyssner (1942). In neueren Ausführungen des Verfahrens wird Acetylen in einer Formaldehydlösung gelöst und anschließend in der Flüssigphase an Katalysatoren, die entweder dispers in der Reaktionsmischung verteilt oder als Festbett angeordnet vorliegen, umgesetzt. Nach Reiss et al. (1976) sollte das gasförmige Acetylen bei erhöhten Drücken vermieden werden. Weitere Vorteile sind nach Haas et al. (2005) eine bessere Wärmeleitung, geringerer Druckverlust und verringerte, mechanische und thermische Belastung der Katalysatorpartikel, welche sonst in einer Zweiphasenströmung auftreten.

Im 2. Verfahrensschritt erfolgt die Hydrierung von 2-Butin-1,4-diol zu BDO. Für die technische Umsetzung sind zahlreiche Varianten bekannt, die sich in ein- und zweistufige Verfahren unterteilen lassen. Vorteilhaft bei den neueren, zweistufigen Verfahren sind die milderen Reaktionsbedingungen. Im Vergleich zu den einstufigen Verfahren kann der Druck von bis zu 250 bar auf bis zu 20 bar reduziert werden. Die Temperatur kann im ersten Prozessschritt auf bis zu 60 °C verringert werden. Mit Hilfe der zweistufigen Verfahren kann optional das Nebenprodukt 2-Buten-1,4-diol gewonnen werden, das für die Produktion von Pharmazeutika und Pestiziden benötigt wird. Nach Schödel et al. (1997) ist bei der zweistufigen Hydrierung eine bessere Temperaturkontrolle möglich. Damit lässt sich die Bildung von unerwünschten Nebenprodukten, wie z.B. Butanol, Acetalen oder anderer, hochsiedender Rückstände, verhindern.

In einem 3. Verfahrensschritt kann die Dehydratisierung von BDO zu THF als sauer katalysierte Reaktion durchgeführt werden. In frühen Ausführungen wurde Schwefel- oder Phosphorsäure verwendet. Nachteilig waren nach Mueller et al. (1985) die nötigen teuren, korrosionsfesten Apparaturen. Heute wird dieses Problem durch feste Katalysatoren mit sauren Zentren gelöst, wie von Pinkos et al. (2004) beschrieben.

Aus diesen verfahrenstechnischen Änderungen ergibt sich ein verbesserter Prozess, dessen Grundfließbild in Abbildung 2.4 dargestellt ist:

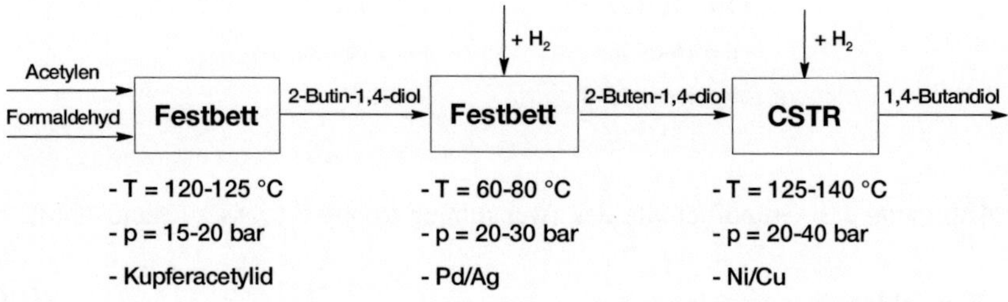

Abbildung 2.4: Grundfließbild des dreistufigen Reppe-Prozesses (heute).

Der Reppe-Prozess wird auch in Zukunft, trotz der Entwicklung zahlreicher Alternativen, zu den wichtigsten Syntheserouten zu BDO und THF gehören. Obwohl der Ausbau bzw. Neubau von auf Acetylen basierenden Produktionsanlagen in den letzten Jahren rückläufig war (vgl. Abbildung 2.5), können die bereits vorhandenen, steuerlich abgeschriebenen und in Stoffverbunde integrierten Anlagen auf Acetylenbasis auch in Zukunft einen großen Teil des Bedarfs an BDO und THF decken. Zudem sind durch jahrzehntelange Entwicklung heute mildere Prozessbedingungen möglich. Der Prozess kann dadurch günstiger und sicherer betrieben werden. Neue bzw. verbesserte Herstellungsverfahren von Acetylen aus Kohle oder Erdgas erhöhen zusätzlich die Wirtschaftlichkeit. Alternative Syntheserouten zu BDO und THF sind den teils enormen Ölpreisschwankungen ausgesetzt. Dies macht den Neubau von auf Acetylen basierenden Produktionsanlagen in Ländern mit großen Kohle- oder Erdgasvorkommen interessant, wie beispielsweise China, Australien, Indien oder Südafrika.

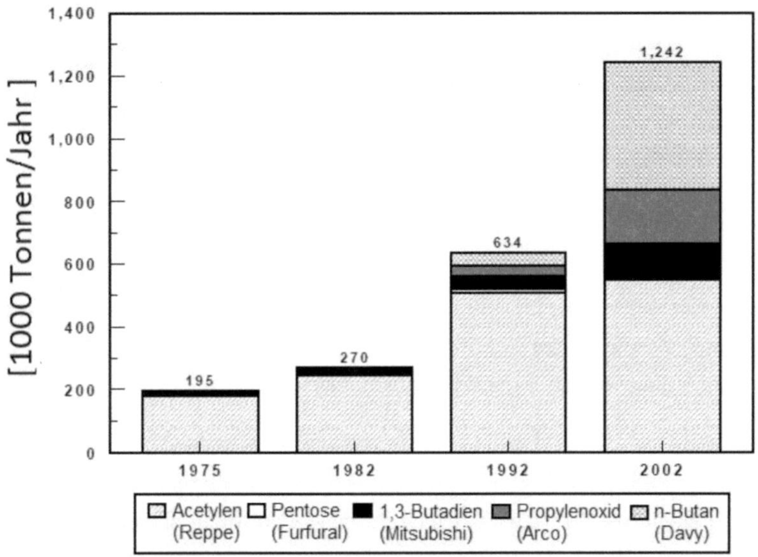

Abbildung 2.5: Entwicklung der Weltproduktion an 1,4-Butandiol und Tetrahydrofuran ausgehend von verschiedenen Edukten nach Nexant (1999).

Verfahrenstechnische Nachteile ergeben sich aus den Edukten Formaldehyd und Acetylen. Formaldehyd ist giftig, ihm wird eine krebserzeugende Wirkung zugeschrieben. Acetylen ist instabil und neigt zu explosivem Selbstzerfall. Da der Transport und die Lagerung kritisch ist, sollte Acetylen in der Nähe des Herstellungsortes verarbeitet werden. Aus umwelttechnischen Gründen sind hohe Sicherheitsanforderungen zu erfüllen, was hohe Investitionskosten zur Folge hat.

Im Folgenden werden die einzelnen Verfahrensschritte des Prozesses detailliert beschrieben.

Ethinylierung von Formaldehyd

Reppe und Keyssner (1942) beschreiben erstmals die technische Umsetzung von Acetlyen und Formaldehyd zu 2-Butin-1,4-diol (s. Abbildung 2.6). Die Synthese findet bei 120 – 125 °C und 15 – 20 atm an Kupferacetylid auf Kieselgel statt. Nach Reppe und Friedrich (1955) wird die Katalysatorschüttung des Reaktors als Rieselbett betrieben. Die wässrige Ausgangslösung fließt über das Katalysatorfestbett von oben nach unten, das gasförmige Acetylen strömt im Gleich- oder Gegenstrom dazu. Die Ausbeute an 2-Butin-1,4-diol beträgt etwa 95 %. Alternativ kann die Zweiphasenströmung von unten im Gleichstrom zugeführt werden, was den Umsatz und die Ausbeute steigert.

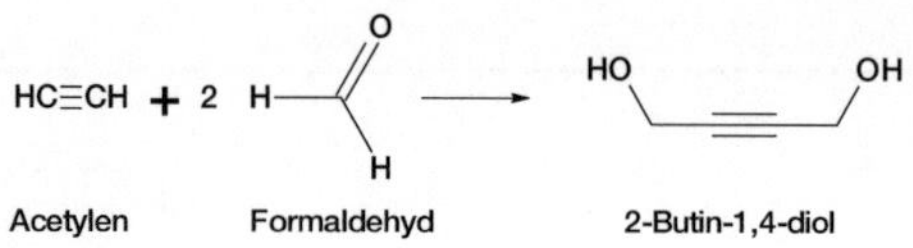

Abbildung 2.6: Reaktionsschema der Umsetzung von Acetylen und Formaldehyd.

Nach McKinley et al. (1955) kann der Prozess einphasig betrieben werden. Dazu wird das gasförmige Acetlyen unter Druck (13,8 – 17,2 bar) in einem organischen Lösungsmittel, wie Aceton, THF oder Dioxan, gelöst. Die 20 – 30 Gew.-% Acetylen-Lösung wird mit einer wässrigen Formaldehydlösung vermischt und zu 2-Butin-1,4-diol umgesetzt. Die Umsetzung erfolgt an Kupferacetylid auf Kieselgel bei 95 – 125 °C und 70 – 140 bar.

Ein ähnlicher Ansatz wird von Reiss et al. (1976) vorgeschlagen, allerdings ohne organische Lösungsmittel und bei geringeren Drücken. Im Reaktor werden hochdisperse Acetylenblasen mit einer Strahlpumpe erzeugt und in der wässrigen Formaldehydlösung absorbiert. Die Reaktionszone besteht aus einem Festbett oder fluidisierten Katalysatorpartikeln. Die Umsetzung von Acetylen und Formaldehyd zu 2-Butin-1,4-diol erfolgt bei 60 – 100 °C und 1,5 – 25 bar. Generell bleibt zu sagen, dass mit höherem Druck höhere Ausbeuten möglich sind. Ein Teil der Produktmischung wird rückgeführt, der andere Teil aufgearbeitet. Der verwendete Katalysator enthält außer Kupferacetylid bis zu 3 Gew.-% Bismut.

Hydrierung zu 1,4-Butandiol

Einstufige Hydrierung

Nach Reppe et al. (1953) wird die einstufige Hydrierung von 2-Butin-1,4-diol zu BDO (s. Abbildung 2.7) in der Flüssigphase durchgeführt. Geeignete Lösungsmittel sind Alkohole oder Dioxan. Die Umsetzung erfolgt mit überschüssigem, im Kreislauf geführtem Wasserstoff an als Festbett angeordneten Nickel- oder Kobaltkatalysatoren. Dabei lässt man bei 150 °C und 100 - 200 atm die Lösung und den Wasserstoff im Gleichstrom über den Katalysator rieseln. Die Ausbeute an BDO beträgt 97 – 98 % neben 2 – 3 % n-Butanol.

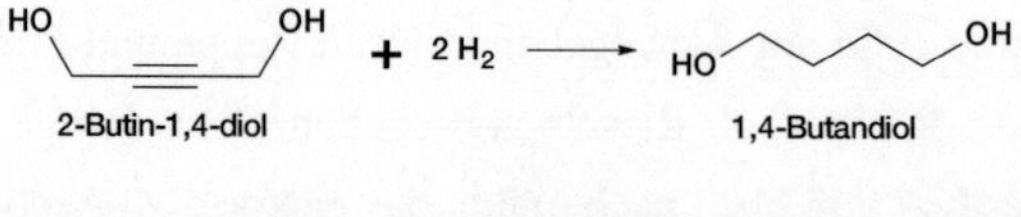

Abbildung 2.7: Umsetzung von 2-Butin-1,4-diol zu 1,4-Butandiol.

Alternativ kann nach Müller et al. (1989) das verunreinigte 2-Butin-1,4-diol problemlos zu BDO hydriert werden. Das im Gemisch enthaltene Wasser wird teilverdampft und mit Methanol (MeOH) versetzt, so dass die Lösung 30 - 70 Gew.-% 2-Butin-1,4-diol, 30 – 70 Gew.-% MeOH, 0,2 – 5 Gew.-% Wasser und 0,2 – 5 Gew.-% Verunreinigungen enthält. Die Umsetzung erfolgt an Nickel-Katalysatoren bei einem pH-Wert von 7 – 9. Alternativ können auch Pt-, Pd-, Ru-, Co-, oder Cu-Katalysatoren verwendet werden. Der Katalysator wird im dispersen Betrieb durch Zentrifugieren oder Sedimentieren vom Reaktionsgemisch abgetrennt. Geeignete Reaktoren sind Blasensäulen oder gerührte Reaktoren bei suspendierter Betriebsweise. Festbettreaktoren können in Sumpf- oder Rieselfahrweise betrieben werden. Die Hydrierung erfolgt bei 120 – 130 °C und 150 – 250 bar. Dabei wird eine Ausbeute von 100 % BDO erreicht.

Zweistufige Hydrierung

Bei dem von Turek et al. (1985) beschriebenen Verfahren wird 2-Butin-1,4-diol zweistufig zu BDO hydriert (s. Abbildung 2.8). In der ersten Stufe wird in einem CSTR bei 60 – 90 °C und 10 – 25 bar 30 – 35 % 2-Butin-1,4-diol in einer wässrigen Lösung vorgelegt. Der Wasserstoff wird mit einem Hohlrührer im Überschuss zugeführt. Der verwendete Katalysator, bestehend aus 15 – 80 Gew.-% Nickel auf SiO_2 oder Al_2O_3, liegt dispers im Reaktor vor. Der Katalysator wird in einem nachgeschalteten Sedimentationsgefäß vom Produktstrom abgetrennt und in den Reaktor rückgeführt. In der zweiten Stufe wird 2-Buten-1,4-diol zu BDO in einem Festbettreaktor bei 80 – 120 °C und 50 – 250 bar umgesetzt.

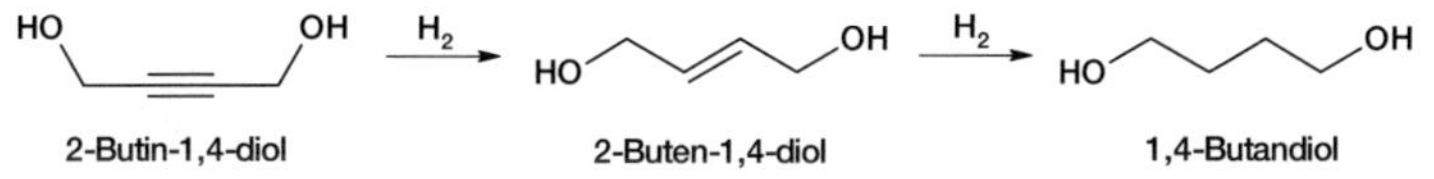

HO⎯⎯⎯⎯OH   →^{H_2} HO⎯⎯⎯OH   →^{H_2} HO⎯⎯⎯⎯OH

2-Butin-1,4-diol   2-Buten-1,4-diol   1,4-Butandiol

Abbildung 2.8: Umsetzung von 2-Butin-1,4-diol über 2-Buten-1,4-diol zu 1,4-Butandiol.

Eine ähnliche Variante mit einem CSTR und Festbettreaktor in Reihe wird von Schödel et al. (1997) beschrieben. Die Umsetzung findet in der ersten Stufe bei 60 – 80 °C und 20 – 30 bar an suspendierten Palladiumkatalysatoren auf θ-Al_2O_3 statt. Durch Promotierung mit Silber kann eine Selektivitätssteigerung erreicht werden. Die eingesetzte Menge beträgt 0,2 – 0,5 Gew.-% bezogen auf den Reaktorinhalt. Der zweite Prozessschritt erfolgt an Nickel-Trägerkatalysatoren, die mit 1 - 3 Gew.-% Kupfer promotiert wurden. Die Reaktionsbedingungen liegen bei 125 – 140 °C und 20 – 40 bar. Im ersten Reaktor wird 2-Butin-1,4-diol vollständig umgesetzt und das entstehende 2-Buten-1,4-diol teilhydriert wird. Dadurch kann eine Überhitzung in der zweiten Stufe verhindert werden, die zu hoher Nebenproduktbildung führen könnte. Die Ausbeute an BDO beträgt 93 – 95 %.

Dehydratisierung von 1,4-Butandiol zu Tetrahydrofuran

Die Darstellung von THF erfolgt durch sauer katalysierte Dehydratisierung von BDO (s. Abbildung 2.9). Im ursprünglichen Verfahren von Reppe et al. (1940) wird BDO in der Flüssigphase mit einem homogenen Katalysators auf 165 °C erhitzt und anschließend bei 185 – 225 °C destilliert. Als Katalysator werden Sauerstoffsäuren des Phosphors bzw. saurer Salze dieser Säuren verwendet.

Abbildung 2.9: Dehydration von 1,4-Butandiol zu Tetrahydrofuran.

In dem von Schneiders (1958) beschriebenen Prozess erfolgt die Umsetzung mit Schwefelsäure als Katalysator. Die Konzentration der Schwefelsäure beträgt 2 – 3 Gew.-% des Ausgangsgemisches aus BDO und ggf. Wasser. Die Schwefelsäure ermöglicht die Durchführung bei geringeren Temperaturen und erhöht die Ausbeute durch die Unterdrückung von unerwünschten Nebenreaktionen. Das Verfahren wird kontinuierlich in verbleiten Kesseln bei 115 °C betrieben. THF wird kontinuierlich abdestilliert. Die Ausbeute an THF beträgt über 97 % bei einem Schwefelsäureverbrauch von unter 0,1 %.

Im Gegensatz dazu wird von Mueller et al. (1985) die Umsetzung an einem heterogenen Katalysator beschrieben. Dieser besteht aus saurem γ-Al$_2$O$_3$, welches in Partikeln von 0,001 – 5 mm dispers in der Reaktionsmischung vorliegt. Die Umsetzung wird bei 175 – 215 °C und Atmosphärendruck bei einer Konzentration von 1 – 30 Vol.-% γ-Al$_2$O$_3$ durchgeführt. Wasser und THF, die während der Reaktion entstehen, werden kontinuierlich abdestilliert. Durch den heterogenen, sauren Katalysator kann auf korrosionsfeste Apparate verzichtet werden.

In einem neueren Verfahren von Pinkos et al. (2004) können Reaktionsmischungen, die durch das Reppe-Verfahren oder Hydrierung von MS bzw. MSA gewonnen werden, ohne vorherige Aufreinigung und ohne Bildung nennenswerter Nebenproduktmengen zu THF umgewandelt werden. Die Dehydratation von BDO erfolgt bei 150 – 220 °C und 0,8 – 5 bar an Heteropolysäuren, beispielsweise Dodecawolframatophosphorsäure ($H_3PW_{12}O_{46} \cdot nH_2O$) und Dodecamolybdatophosphorsäure ($H_3PMo_{12}O_{40} \cdot nH_2O$). Die Gesamtmenge an eingesetzter Heteropolysäure pro kg BDO liegt zwischen 1 – 50 mg. Hohe Standzeiten des Katalysators sind durch die Zugabe von basischen Stickstoffkomponenten und durch Überleiten der Reaktionsmischung über einen Kationentauscher erreichbar. Die Ausbeute beträgt annähernd 100 %.

2.2.3 Mitsubishi-Kasei-Prozess

Der Mitsubishi-Kasei-Prozess war wegen des Einsatzes von vergleichsweise billigeren Olefinen in den 1970er Jahren die erste Konkurrenz zum Reppe-Prozess. Das Edukt 1,3-Butadien wird durch Streamcracken oder durch Dehydrierung von Butan und Buten gewonnen. Abbildung 2.10 zeigt das heutige Grundfließbild des Mitsubishi-Kasei-Prozesses:

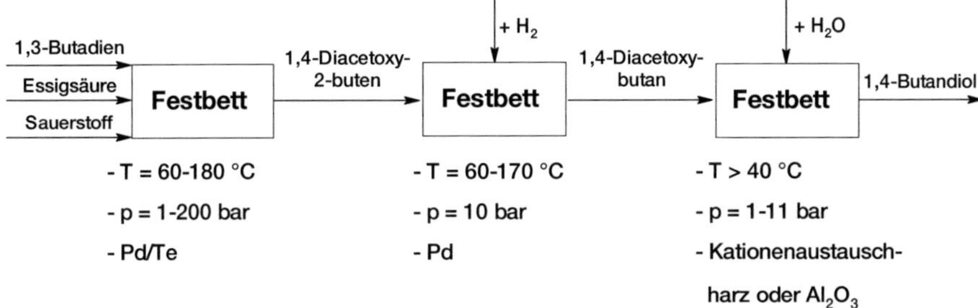

Abbildung 2.10: Grundfließbild des dreistufigen Mitsubishi-Kasei-Prozesses.

Das Verfahren bietet hohe Ausbeuten und die Möglichkeit, das Produktverhältnis aus BDO und THF durch Variation der Temperatur und des Katalysatorsystems zu beeinflussen. Trotzdem besitzt das Verfahren bis heute nur einen geringen Prozessanteil (vgl. Abb. 2.5) und wird nur von Mitsubishi Chemical Corporation betrieben. Vermutlich hemmt die technische Reife des Reppe-Verfahrens und die Entwicklung des auf billigem MSA basierenden Davy-Prozesses die Verbreitung des Verfahrens.

Im 1. Verfahrenschritt wird nach Onada und Yamura (1975) 1,3-Butadien mit Essigsäure und Sauerstoff in einem Festbett- oder Wirbelschichtreaktor zu 1,4-Diacetoxy-2-buten carboxyliert (s. Abbildung 2.11).

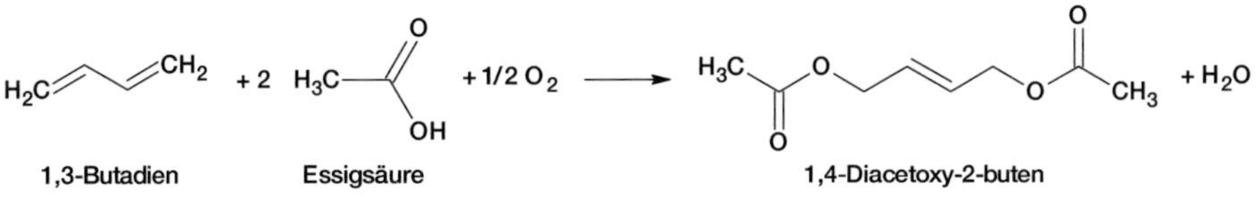

Abbildung 2.11: Carboxylierung von 1,3-Butadien zu 1,4-Diacetoxy-2-buten.

Der verwendete Sauerstoff wird rein oder verdünnt in Form von Luft im stöchiometrischen Überschuss vorgelegt. Die Umsetzung erfolgt an Katalysatoren aus 0,1 – 20 Gew.-% Palladium und optional 0,03 – 30 Gew.-% Te, Sb, Bi oder Se auf Aktivkohle. Zur Verbesserung der (Langzeit-)Aktivität wird der Katalysator oxidativ in einer Sauerstoffatmosphäre bei 200 – 600 °C und anschließend reduktiv in einer Wasserstoffatmosphäre bei 250 – 600 °C behandelt. Die Verbesserung der Katalysatoreigenschaften wird auf die gleichmäßigere Verteilung der Aktivzentren und eine Änderung des Kristallisationsgrades der Legierung zurückgeführt. Die Reaktion findet bei 60 – 180 °C und 1 – 200 bar statt, wobei eine Selektivität von 90 % zu 1,4-Diacetoxy-2-buten erreicht wird. Mögliche Nebenprodukte sind Isomere, wie z.B. 3,4-Diacetoxy-1-buten.

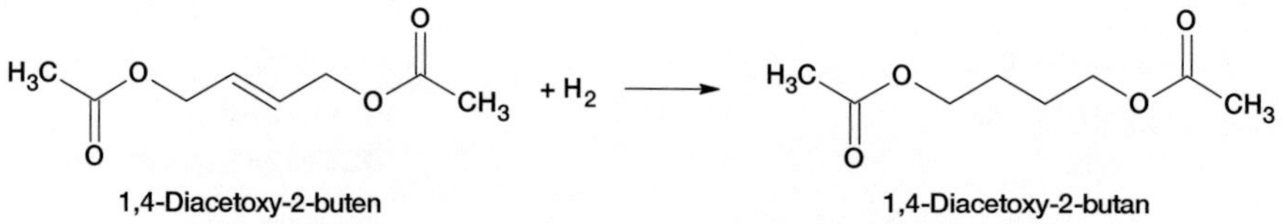

Abbildung 2.12: Hydrierung von 1,4-Diacetoxy-2-buten zu 1,4-Diacetoxybutan.

Im 2. Verfahrenschritt wird 1,4-Diacetoxy-2-buten nach Toriya und Shiraga (1977) zu 1,4-Diacetoxybutan hydriert (s. Abbildung 2.12). Dazu wird dem Isomerengemisch überschüssiges Wasser und Essigsäure entzogen und in einen adiabaten Festbettreaktor geleitet, der in zwei Reaktionszonen mit unterschiedlichen Temperaturen unterteilt werden kann. Der Katalysator beider Reaktionszonen besteht aus Palladium auf Aktivkohle in tablettierter Form. Alternativ ist auch Raney-Nickel geeignet. Das flüssige 1,4-Diacetoxy-2-buten und der gasförmige Wasserstoff werden den Reaktoren von unten im Gleichstrom bei einem Druck von 1 – 100 bar zugeführt. In der ersten Zone wird bei Temperaturen von 60 – 130 °C ein Umsatz von über 80 % erreicht. Die weitere Umsetzung erfolgt bei Temperaturen zwischen 80 – 170 °C, wobei Ausbeuten von bis zu 99 % erzielt werden.

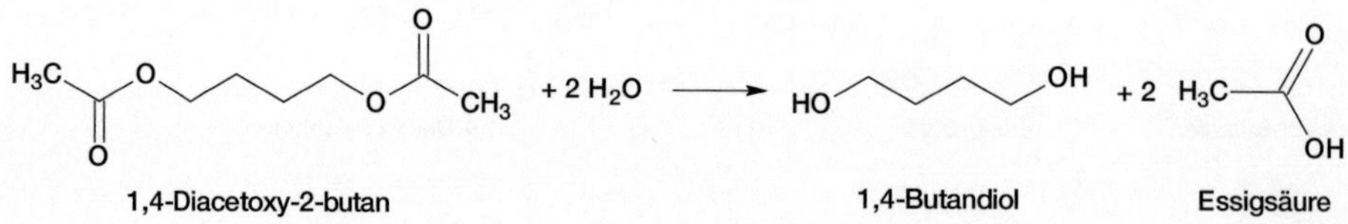

Abbildung 2.13: Hydrolyse von 1,4-Diacetoxy-butan zu 1,4-Butandiol.

Der 3. Verfahrenschritt besteht aus der Hydrolyse von 1,4-Diacetoxy-butan zu BDO (s. Abbildung 2.13). Nach Toriya und Shiraga (1977) wird das Hydrierprodukt mit Wasser an einem festen, sauren Katalysator in einem Festbettreaktor umgesetzt. Geeignete Katalysatoren sind Al_2O_3, SiO_2 oder bevorzugt Kationenaustauschharze vom Sulfonsäuretyp. Das Wasser dient sowohl als Edukt als auch als Lösungsmittel und wird im stöchiometrischen Überschuss zugegeben. Bei einer Reaktionstemperatur von 40 – 100 °C wird an einem Kationenaustauschharz die höchste Selektivität zu BDO erreicht. Durch Einsatz eines Al_2O_3-Katalysators und Temperaturen oberhalb von 140 °C kann mehr THF als BDO gewonnen werden. Die Hydrolyse wird in beiden Fällen bei 1 – 11 bar durchgeführt. In einer nachgeschalteten Rektifikationskolonne wird das BDO von Wasser und Essigsäure getrennt.

2.2.4 Arco-Prozess

Der sogenannte Arco-Prozess auf Basis von Propylenoxid entstand Ende der 1980er-Jahre durch die Verknüpfung der Propylenoxidisomerisierung von Arco Chemical Technology und der Hydroformulierung von Kuraray Company Limited/Daicel Chemical Industries Limited. Die erste Anlage auf Grundlage dieses Prozesses wurde 1991 von Arco Chemical Technology in Betrieb genommen. Abbildung 2.14 zeigt das Grundfließbild:

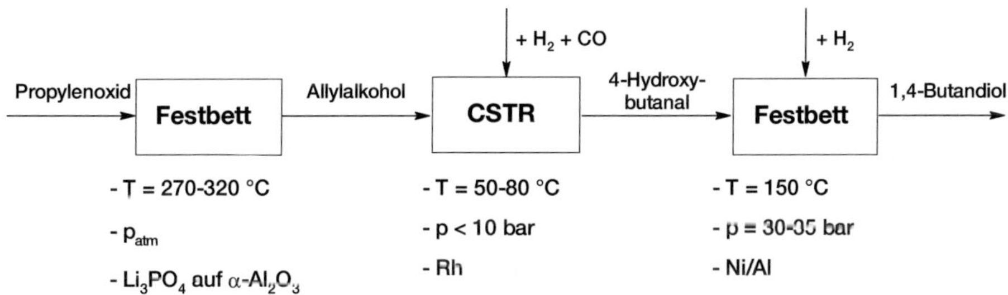

Abbildung 2.14: Grundfließbild des dreistufigen Arco-Prozesses.

Propylenoxid wird zu Allylalkohol isomerisiert, anschließend zu 4-Hydroxybutanal hydroformuliert und zu BDO hydriert. Obwohl in den letzten Jahren die Produktionskapazitäten von BDO und THF via Arco-Prozess gestiegen sind (vgl. Abbildung 2.5), wird diese Syntheseroute aufgrund weniger kostenintensiven Alternativen in der Zukunft an Bedeutung verlieren. Gründe hierfür sind verfahrenstechnische Nachteile. So entstehen im Isomerisierungsschritt bei geringen Umsätzen von Propylenoxid neben dem Zielprodukt Allylalkohol große Mengen an Propanal, was zu Ausbeuten unter 50 % führt. Ferner muss im zweiten Verfahrensschritt die

Hydroformulierung in einem aromatischen Lösungsmittel an komplexen Katalysatorsystemen erfolgen, wobei nur Ausbeuten von ca. 70 % erreichbar sind. Hauptnachteil des Verfahrens ist der Einsatz von vergleichbar teurem Propylenoxid, bei dessen industrieller Synthese nach Kahlich et al. (2000) erhebliche Mengen an Neben- und Abfallprodukten anfallen. Deshalb wird der Arco-Prozess heute nur von LyondellBasell (früher Arco) und unter Lizenz von Dairen Chemical betrieben. LyondellBasell ist weltweit führender Anbieter von Propylenoxid und kann dieses zu Gestehungskosten einsetzen.

Im 1. Verfahrensschritt findet die Isomerisierung von Propylenoxid zu Allylalkohol statt (vgl. Abbildung 2.15). Nach Faraj (1993) erfolgt die Umsetzung in der Gasphase an Trägerkatalysatoren, bestehend aus 5 – 60 Gew.-% Li_3PO_4 auf α-Al_2O_3, Alumosilikaten oder Y-Zeolithen. Das Propylenoxid wird rein oder mit einem Inertgas verdünnt bei 270 – 320 °C und geringem Überdruck im Festbettreaktor umgesetzt. Das Katalysatorsystem zeichnet sich durch hohe Aktivität und Standzeit aus und erlaubt Propylenoxidumsätze von 50 % bei Selektivitäten von etwa 85 % zum Allylalkohol.

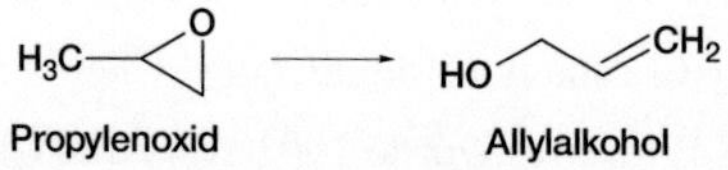

Abbildung 2.15: Isomerisierung von Propylenoxid zu Allylalkohol.

Der 2. Verfahrensschritt besteht aus der Hydroformulierung von Allylalkohol mit Wasserstoff und Kohlenmonoxid zu 4-Hydroxybutanal (siehe Abbildung 2.16). Dieser wird nach Matsumotu (1986) in kontinuierlich betriebenen Rührkesseln, Blasensäulen oder einer Reihenschaltung beider Reaktortypen durchgeführt. Die Umsetzung erfolgt in einem aromatischen Lösungsmittel - beispielsweise Benzol, Toluol oder Xylol - in Anwesenheit von Triphenylphosphan an Rhodiumkomplexkatalysatoren und wird bei 50 – 80 °C und Drücken bis 10 bar durchgeführt. Die Ausbeute an 4-Hydroxybutanal beträgt 70 %. In einer nachgeschalteten Extraktion wird 4-Hydroxybutanal mit Wasser oder einer Mischung aus Wasser und dem Folgeprodukt BDO aus dem Reaktionsgemisch abgetrennt. Die Extraktion erfolgt bei 5 – 30 °C und Atmosphärendruck.

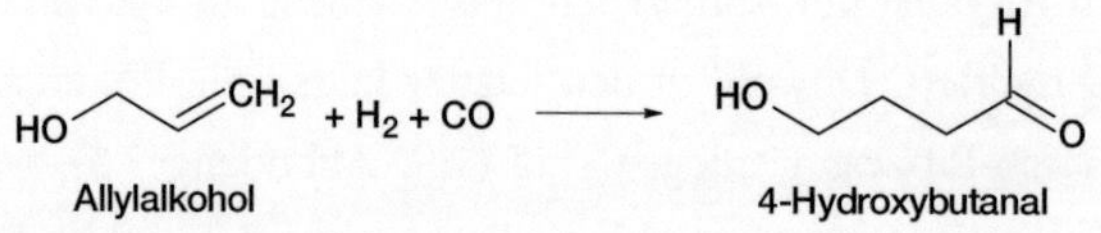

Abbildung 2.16: Hydroformulierung von Allylalkohol zu 4-Hydroxybutanal.

Im 3. Verfahrensschritt erfolgt die Hydrierung von 4-Hydroxybutanal zu BDO (s. Abbildung 2.17). Dieser Reaktionsschritt wird nach Weissermel und Arpe (2003) bei 150 °C und 30 – 35 bar an Ni/Al-Katalysatoren durchgeführt:

4-Hydroxybutanal $\quad$ + H₂ $\quad\longrightarrow\quad$ 1,4-Butandiol

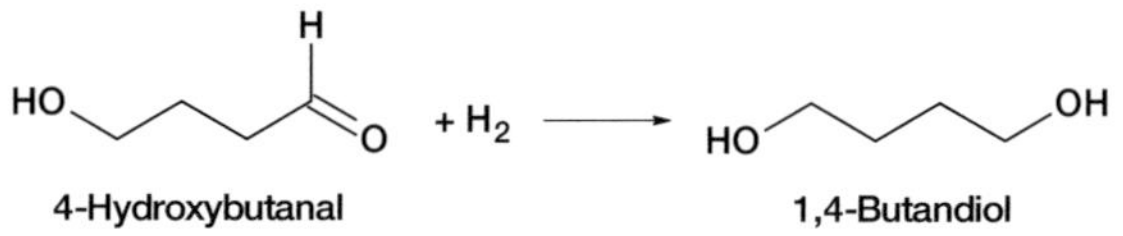

Abbildung 2.17: Hydrierung von 4-Hydroxybutanal zu 1,4-Butandiol.

In dem von Fischer et al. (1990) vorgeschlagenen Verfahren wird 4-Hydroxybutanal, welches im Gleichgewicht mit seinem cyclischen Halbacetal 2-Hydroxytetrahydrofuan steht, in Gegenwart von BDO zuerst zu verschiedenen Acetalen umgesetzt. Diese werden anschließend zu BDO und THF hydriert. Die Umsetzung zu den Actalen erfolgt bei 80 – 150 °C an stark sauren Kationentauschern mit Sulfonsäuregruppen. Um die Oxidation der Aldehydgruppen zu verhindern, werden Inertgase wie Stickstoff, Argon oder Kohlendioxid zugegeben. Die Hydrierung wird in der Gas- oder Flüssigphase bei 100 – 260 °C und 100 – 300 bar durchgeführt. Der Reaktor ist ein Rohr- oder Rohrbündelreaktor, der als Rieselbett betrieben wird. Der eingesetzte Katalysator besteht aus Cu und/oder Ni, Co, Pd, Pt, Rh und/oder Ru auf SiO_2-, Al_2O_3-, TiO_2-, Aktivkohle-, Silikat- oder Zeolithträger. Aufgrund der Acetalumsetzung lassen sich BDO und THF simultan gewinnen.

2.2.5 Eastman-Prozess

In den 1990er Jahren wurde der ebenfalls auf Olefinen basierende Eastman-Prozess von der Eastman Chemical Company entwickelt. Dieser Prozess ist eine Alternative zum Mitsubishi-Kasei-Prozess auf Basis von 1,3-Butadien. Abbildung 2.18 zeigt das Grundfließbild des Prozesses:

Nachteile des Verfahrens sind niedrige Umsätze bei der Epoxidierung und der Umstand, dass die Hydratisierung an einem komplizierten Katalysatorsystem aus Iodwasserstoff und Methyltributyl-ammoniumiodid durchgeführt werden muss. Die sich im Verfahren bildende Iodwasserstoffsäure erfordert spezielle Apparaturen. Es ist nicht bekannt, ob die Syntheseroute großtechnisch umgesetzt wurde. Ob eine geplante 140.000 Tonnen Anlage nach Weissermel und Arpe (2003) tatsächlich errichtet wurde, konnte nicht verifiziert werden.

Im 1. Verfahrensschritt wird 1,3-Butadien zu 3,4-Epoxy-1-buten patiell oxidiert (siehe Abbildung 2.19). Die Reaktion kann nach Monnier und Muehlbauer (1990) sowohl in der Gas- als auch in der Flüssigphase an heterogenen Katalysatoren durchgeführt werden. Bevorzugt

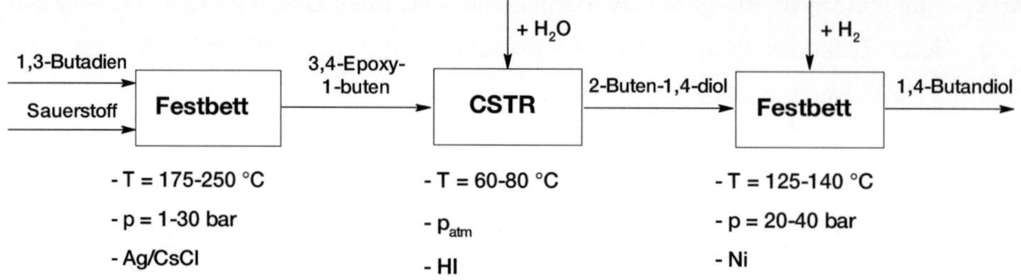

Abbildung 2.18: Grundfließbild des dreistufigen Eastman-Prozesses.

wird die Gasphasenumsetzung in Festbettreaktoren. Als Katalysator wird ein System aus 2 – 20 Gew.-% Silber auf einem Al_2O_3-Träger verwendet. Optional werden als Promotoren CsCl, CsBr oder generell Alkalihalogenide mit 0,01 – 2 Gew.-% eingesetzt. Geeignete Reaktionsbedingungen sind 175 – 250 °C und 1 - 30 bar. Dieser Verfahrensschritt wird bei niedrigen Umsätzen (X = 0,5 – 23 %) und hohen Selektivitäten (S = 68 – 97 %) zu 3,4-Epoxy-1-buten betrieben.

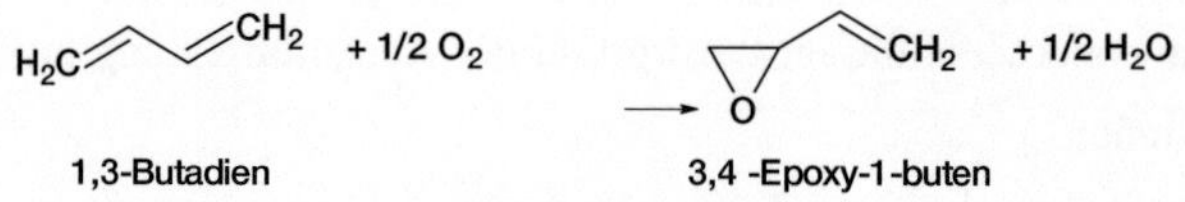

H_2C⎓⎓CH_2 + 1/2 O_2 ⟶ (Epoxid) CH_2 + 1/2 H_2O

1,3-Butadien   3,4 -Epoxy-1-buten

Abbildung 2.19: Partielle Oxidation von 1,3-Butadien zu 3,4-Epoxy-1-buten.

Eine ähnliche Durchführung beschreibt Boeck et al. (1994). Das Verfahren wird in Rohr- oder Rohrbündelreaktoren mit einem Katalysatorfestbett durchgeführt. Das Katalysatorsystem und die Reaktionsparameter gleichen dem von Monnier und Muehlbauer (1990) vorgeschlagenen Verfahren. Die Silberkatalysatoren deaktivieren im Betrieb schnell durch Verkokung, so dass in neueren Ausführungen Wasserdampf in den Feed dosiert wird, um die Deaktivierung zu unterbinden. Alternativ kann der deaktivierte Katalysator durch eine Behandlung mit Wasserdampf und Sauerstoff bei 100 – 400 °C regeneriert werden. Eine weitere Variante besteht in der Zugabe von Methangas. Dadurch kann bei höheren Sauerstoff/Butadien-Verhältnissen gearbeitet werden, ohne die Gefahr der Bildung von zündfähigen Gemischen. Das 3,4-Epoxy-1-buten wird in einer Extraktionskolonne mit Hilfe von Wasser bei Temperaturen bis 60 °C entfernt. Das Raffinat wird von Nebenprodukten befreit und in den Reaktor zurückgeführt.

Wie in Abbildung 2.20 gezeigt, besteht der 2. Verfahrensschritt nach MacKenzie et al. (1999) aus der Hydratisierung von 3,4-Epoxy-1-buten zu 2-Buten-1,4-diol. Dazu wird in einem Rührkessel dem Katalysator, einer wässrigen Lösung von Iodwasserstoff und Methyl-tributyl- ammoniumiodid, 3,4-Epoxy-1-buten zugeführt. Die Umsetzung zu 2-Buten-1,4-diol erfolgt bei 60 – 80 °C und Atmosphärendruck. Als Nebenprodukt entsteht eine vom pH-Wert abhängige Menge des Isomers 3-Buten-1,2-diol. Für maximale Selektivität sollte der pH-Wert zwischen 7 – 8,5 liegen. Der Katalysator sowie nicht reagiertes 3,4-Epoxy-1-buten werden im Anschluss in einer mehrstufigen Gegenstromextraktion vom Produktgemisch entfernt und in den Reaktor rückgeführt. Zurück bleibt ein Gemisch der Isomere 2-Buten-1,4-diol und 3-Buten-1,2-diol in Wasser, welches durch Destillation aufgetrennt werden muss.

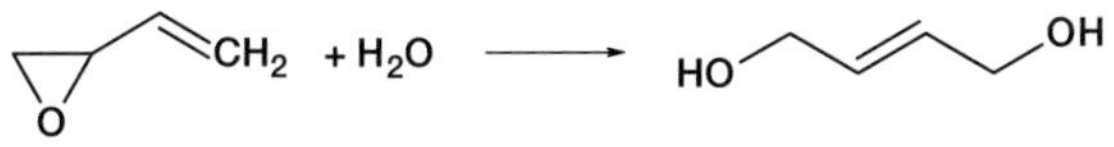

3,4 -Epoxy-1-buten 2 Buten-1,4-diol

Abbildung 2.20: Hydratisierung von 3,4-Epoxy-1-buten zu 2-Buten-1,4-diol.

Im 3. Verfahrensschritt wird 2-Buten-1,4-diol zu BDO hydriert. Das kann wie bei der Hydrierung des Reppe-Verfahrens ausgeführt werden. Die Umsetzung erfolgt an Nickel- Katalysatoren bei 125 – 140 °C und 20 – 40 bar. Eine genauere Beschreibung ist in Kapitel 2.2.2 im Abschnitt Zweistufige Hydrierung gegeben.

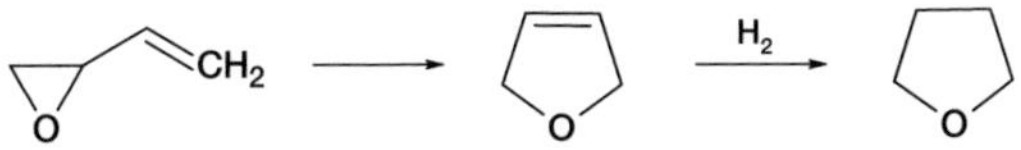

3,4 -Epoxy-1-buten 2,5-Dihydrofuran Tetrahydrofuran

Abbildung 2.21: Hydrierung von 2-Buten-1,4-diol zu 1,4-Butandiol.

Alternativ kann nach Fischer (1991) das im 2. Verfahrensschritt erhaltene 3,4-Epoxy-1-buten durch Isomerisierung in 2,5-Dihydrofuran umgewandelt und zu THF hydriert werden (s. Abbildung 2.21). Dies erfolgt an einem dreikomponentigen Katalysatorsystem. Komponente A besteht aus Natrium- oder Kaliumhalogeniden, Komponente B aus Solubilisierungsmittel der Komponente A und Komponente C aus elementarem Iod oder Zinkiodid. Die Darstellung kann bei 90 – 180 °C diskontinuierlich im Rührautoklaven oder kontinuierlich in Kaskaden-, Rohr- oder Kreislaufreaktoren erfolgen. Das 2,5-Dihydrofuran wird vom Reaktoraustrag abdestilliert. Die Katalysatorkomponenten bilden einen schwerflüchtigen Destillationsrückstand, der wiederverwendet werden kann.

2.2.6 Davy-Prozess

Der Davy-Prozess wurde in den 1980er-Jahren von der Davy Process Technology Limited entwickelt und ist das erste großtechnische Verfahren, bei dem die Synthese von BDO, THF und GBL von Paraffinen ausgehend durchgeführt wird. Das Verfahren ist neben dem Reppe-Prozess die wichtigste Syntheseroute und besitzt nach Davy (2011) einen Anteil von ca. 25 % an der Weltproduktion von BDO.

Es wird von MSA ausgegangen, welches nach Lohbeck et al. (2000) ursprünglich durch partielle Oxidation von Benzol, heute durch partielle Oxidation von n-Butan produziert wird (s. Abbildung 2.22). Anstoß dafür ist nach Haas et al. (2005) eine Überproduktion an n-Butan durch den reduzierten Einsatz im Benzin. Zudem ist die Umwandlung des teuren Benzol C_6-Moleküls in ein C_4-Molekül unter CO_2-Bildung ökologisch und ökonomisch uninteressant. Die Herstellung erfolgt in Festbett- oder Wirbelschichtreaktoren an Katalysatoren aus einem Vanadium-Phosphor-Mischoxid. Geeignete Reaktionsbedingungen liegen im Bereich von 390 – 450 °C und 1 – 2 bar.

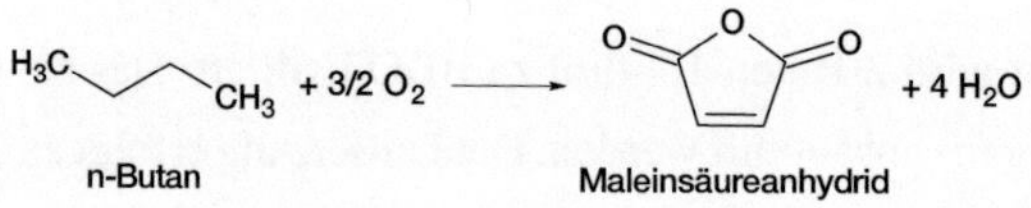

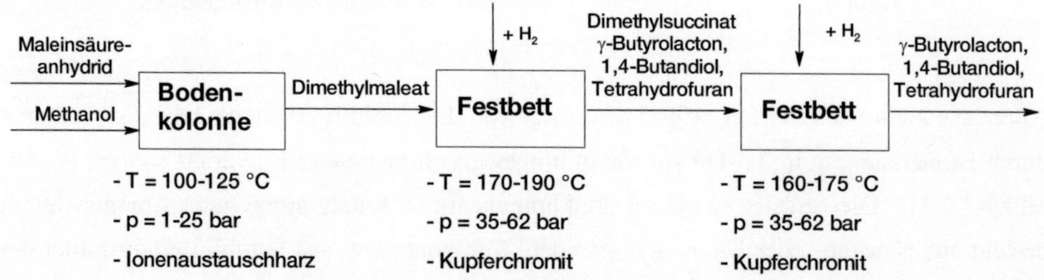

Abbildung 2.22: Partielle Oxidation von Butan zu Maleinsäureanhydrid.

MSA wird mit einem Alkanol zu einem Dialkylester verestert und anschließend zu einem Gemisch aus BDO, THF und GBL hydriert. Das Verfahren wird hauptsächlich im asiatischen Raum angewendet (s. Tabelle 2.1). Die erste Anlage auf Basis des Davy-Prozesses wurde 1992 in Südkorea in Betrieb genommen. Abbildung 2.23 zeigt das aktuelle Grundfließbild:

Abbildung 2.23: Grundfließbild des Davy-Prozess (aktuell).

Das Verfahren besitzt momentan das größte Wachstumspotential (vgl. Abb. 2.5) und könnte in Zukunft das Herstellungsverfahren mit dem größten Marktanteil werden. Vorteile des Davy-Prozesses sind der Einsatz des günstigen Eduktes MSA, die parallele Produktion der Wertprodukte und die Möglichkeit, das Produktverhältnis durch Variation der Reaktionsparameter einzustellen. Zudem kann das Verfahren bei moderatem Wasserstoffdruck von unter 50 bar durchgeführt werden. Durch Wahl der Temperatur, Druck und Katalysatorzusammensetzung lassen sich Ausbeuten an BDO ($Y_{BDO} \leq 82\,\%$) und THF ($4{,}1\,\% \leq Y_{THF} \leq 61\,\%$) in weiten Bereichen einstellen. Die Nachteile des Davy-Verfahrens ist die Verwendung von toxischen Chromkatalysatoren und die Notwendigkeit das Verfahren bei sehr hohen Wasserstoff/Edukt Verhältnissen von $150 - 500$ zu betreiben.

Im 1. Verfahrensschritt erfolgt die Veresterung von MSA mit Alkanolen zu Dialkylestern. In dem von Kippax und Rathmell (1989) vorgeschlagenen, zweistufigen Verfahren wird dazu Ethanol verwendet. In der ersten Reaktionszone erfolgt die Monoesterbildung durch Umsetzen von MSA mit einem Überschuss an Ethanol in einem kontinuierlich betriebenen Rührkessel. Die Reaktion findet in der Flüssigphase bei $60 - 100\,°C$ und $1 - 5$ bar statt und kann ohne Katalysator durchgeführt werden. Die Verweilzeit beträgt 60 Minuten. In der zweiten Reaktionszone erfolgt die Bildung des Dialkylesters in einer Reihenschaltung von drei bis vier Rührkesseln bei $100 - 125\,°C$ und $1 - 3$ bar an festen Ionenaustauschharzen mit Sulphon- oder Carbonsäuregruppen. Das gasförmige Ethanol wird im Gegenstrom zugeführt. Die Verweilzeit beträgt $2 - 10$ Stunden pro Reaktor. Das Endprodukt enthält $97 - 99\,\%$ DEM und lässt sich durch mehrstufige Destillation auftrennen.

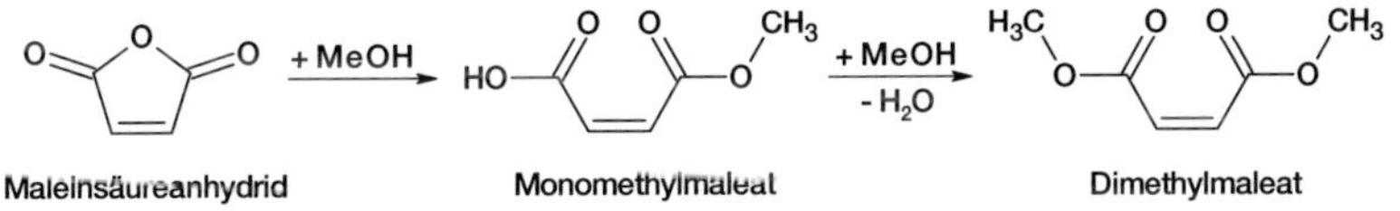

Abbildung 2.24: Veresterung von Maleinsäureanhydrid mit Methanol zu Dimethylmaleat.

Alternativ kann die Synthese von Dialkylestern auch durch Reaktivdestillation in einer Bodenkolonne durchgeführt werden. In dem von Harrison et al. (1990) vorgeschlagenen Verfahren wird der Kolonne von oben flüssiges MSA und von unten ein gasförmiger Alkanol zugeführt. Obwohl verschiedene Alkanole möglich sind, wird hier MeOH verwendet (s. Abbildung 2.24). Die Umsetzung erfolgt bei $100 - 125\,°C$ und $1 - 25$ bar. Die Böden enthalten als Katalysator analog zur Rührkesselausführung ein festes Ionenaustauschharz mit Sulphon- oder Carbonsäuregruppen. Die Verweilzeiten liegen im Bereich von $5 - 60$ Minuten. Das bei der Reaktion entstehende Wasser wird mit Hilfe des gasförmigen Methanolstroms aus dem Reaktor entfernt und kann als Kopfprodukt abgezogen werden. Es können Ausbeuten an Dialkylester von nahezu 100 % erreicht werden. Laut Davy (2000) können durch die Verwendung von billigerem MeOH die laufenden Betriebskosten sowie die Anzahl der Apparaturen und dadurch die Investitionskosten verringert werden. Vermutlich ist der verringerte Aufwand für die Auftrennung des Kopfproduktes MeOH und Wasser ausschlaggebend. MeOH bildet im Gegensatz zu Ethanol mit Wasser kein Azeotrop. Es kann durch gewöhnliche Destillation abgetrennt und im trockenen Zustand, d.h. mit einem Wasseranteil von weniger als 1 Mol-%, in den Reaktor rückgeführt werden.

Im 2. Verfahrensschritt erfolgt die Hydrierung des Dialkylesters zu BDO, THF und GBL (s. Abbildung 2.25). Nach Turner et al. (1988) wird die Hydrierung von Diethylmaleat (DEM) in zwei in Reihe geschalteten, adiabaten Festbettreaktoren gasförmig bei 35 – 45 bar durchgeführt. Diese sind mit in Tablettenform gepressten Kupferchromit-Trägerkatalysatoren gefüllt, bestehend aus 32 – 38 Gew.-% Kupfer und 22 – 30 Gew.-% Chrom. Die Aktivierung erfolgt in einer Wasserstoffatmosphäre bei 120 – 180 °C. Der Eduktstrom wird der ersten Stufe mit 170 – 190 °C zugeführt und bei vollständigem Umsatz des DEM zu einem Gemisch aus BDO, GBL, THF und überschüssigem Wasserstoff umgesetzt. Nach einer Zwischenkühlung wird der Produktstrom mit 160 – 175 °C der zweiten Stufe zugeführt und weiterhydriert. Das Wasserstoff/Ester-Verhältnis beträgt 200 – 500 und die GHSV etwa 30000 $\frac{1}{h}$. Dadurch soll die Temperatur kontrolliert werden, da bei Temperaturen über 200 °C der Katalysator deaktiviert. Durch Variation der Reaktionsbedingungen in der zweiten Stufe erhält man unterschiedliche Produktzusammensetzungen.

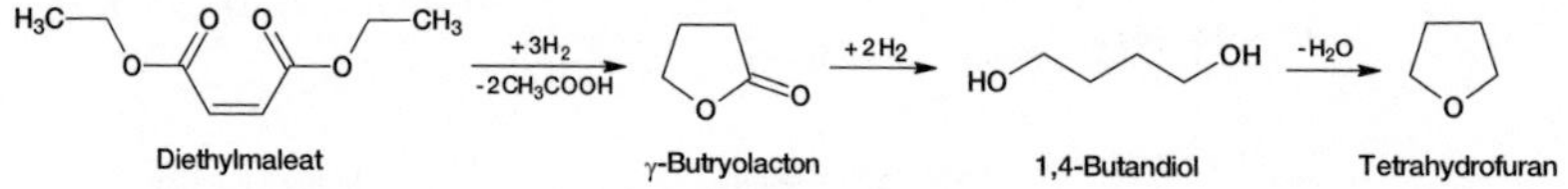

Abbildung 2.25: Hydrierung des Diethylmaleats zu 1,4-Butandiol, Tetrahydrofuran und γ-Butyrolacton.

Alternativ kann die Hydrierung nach Hiles et al. (1993) einstufig durchgeführt werden. Die Umsetzung erfolgt in zwei Festbettreaktoren im Swing-Betrieb. Das ist notwendig, da der verwendete Katalysator aus reduziertem Kupferchromit im Betrieb deaktiviert. Der Eduktstrom aus Wasserstoff und DMM wird dem Reaktor in der Gasphase bei 170 – 200 °C und 60 – 80 bar zugeführt. Das Wasserstoff/Ester-Verhältnis beträgt 250 – 500 und die GHSV 30000 $\frac{1}{h}$. Das Verfahren wird bei Umsätzen von 50 – 80 % betrieben und ergibt als Produkt ein Gemisch aus BDO, GBL, THF, n-Butanol, Wasser und nicht umgesetzten Ester. Das Produktgemisch wird im Anschluss durch eine zweistufige Destillation nach Hiles und Tuck (1994) aufgetrennt. In der ersten Destillationsstufe wird bei 1,1 bar und 0 – 160 °C Wasser, THF und Ethanol bzw. MeOH als Kopfprodukt abgezogen und anschließend in die zweite Destillationsstufe geleitet. THF wird bei 115 – 215 °C und 7 bar als Sumpfprodukt abgezogen.

Im Gegensatz zu den vorhergehenden Prozessen wird in der von Sutton (2003) vorgeschlagenen Variante THF als Hauptprodukt gewonnen. Dabei wird DMM in einem Wasserstoffstrom bei 167 °C und 62 bar verdampft. Das Verhältnis von Kreislaufgas/Ester beträgt 150:1 und liegt deutlich unter den vorherigen Ausführungen. Die Umsetzung erfolgt in zwei in Reihe geschalteten Festbettreaktoren, die eine Mischung aus unterschiedlichen Katalysatoren auf Basis von reduziertem Kupferchromit enthalten können. Die Katalysatoren in Tablettenform unterscheiden sich nach Wood et al. (2001) durch ihre Oberfläche, Porenradienverteilung und den möglichen anorganischen Trägerkomponenten. Mögliche Träger sind Al_2O_3, SiO_2, SiC, ZrO_2 oder Kohle. Die Katalysatoren können optional Promotoren wie Mangan und Palladium enthalten. Im ersten Reaktor erfolgt die Umsetzung bei 167 – 195 °C und 62 bar zu einem Gemisch aus Dimethylsuccinat (DMS), BDO, THF und GBL. In einem zweiten Verdampfer wird frisches DMM in den Produktstrom überführt. Im zweiten Reaktor wird BDO zu THF umgesetzt und anschließend durch mehrstufige Destillation getrennt. Die Selektivität zum Hauptprodukt THF beträgt 61,8 %. Zur Verbesserung der Ausbeute an THF kann BDO bei 200 – 300 °C an γ-Al_2O_3 oder ähnlich sauren Katalysatoren dehydratisiert werden.

Ein neuer Ansatz zur Effektivitätssteigerung und Kostenreduzierung wird von Backes et al. (2009) vorgeschlagen. Ein Vorreaktor kann wahlweise nach dem Verdampfer in der Gasphase oder besser in der Flüssigphase vor dem Verdampfer implementiert werden, um den schnellen ersten Hydrierungsschritt von DMM zu DMS, bei dem über 50 % der exothermen Reaktionsenthalpie frei wird, von den folgenden Reaktionsschritten zu trennen. Wird ein Vorreaktor nach dem Verdampfer eingesetzt, kann die Reaktoreingangstemperatur um 9 °C bei gleicher Reaktorausgangstemperatur gesteigert werden. Aufgrund des etwas höher liegenden Taupunkts von DMS und der höheren Reaktortemperatur ist es möglich, das Wasserstoff/Ester-Verhältnis von 258 auf 157 zu reduzieren. Führt man den ersten Hydrierschritt in der Flüssigphase aus und verdampft DMS anschließend, kann die Reaktoreingangstemperatur um 13 °C gesteigert werden, wodurch sich das Wasserstoff/Ester-Verhältnis auf 140 reduzieren lässt.

2.2.7 Hydrierung von Maleinsäureanhydrid

Die direkte Hydrierung von MSA, wie in Abbildung 2.26 zu sehen, stellt eine Alternative zum Davy-Prozess dar, da auf die Veresterung verzichtet werden kann. Durch Variation der Prozessparameter kann das Produktspektrum von BDO, THF und GBL eingestellt werden.

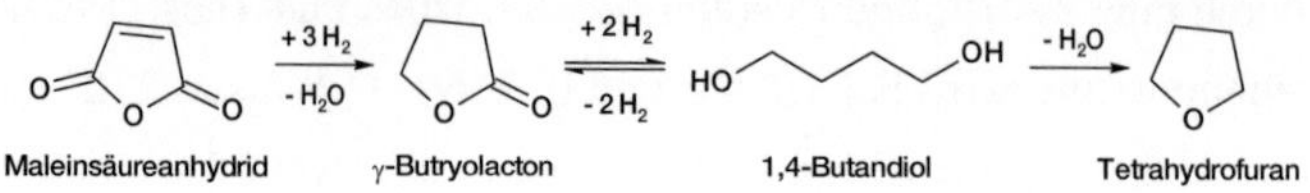

Abbildung 2.26: Direkte Hydrierung von Maleinsäureanhydrid zu Tetrahydrofuran.

Die direkte Hydrierung von MSA ist eine vielversprechende Syntheseroute für die Zukunft. Dieser in den 1970er-Jahren bereits entwickelte, jedoch damals verworfene Prozess, steht heute wieder im Mittelpunkt der Forschung (vgl. Abbildung 2.2). Vorteil des Verfahrens ist die Möglichkeit, BDO und THF in einem einzigen Verfahrensschritt aus günstig verfügbarem MSA herzustellen. Der chromhaltige, toxische Katalysator in der Gasphasenhydrierung wurde bereits durch ein System aus Cu/ZnO, Cu/Al$_2$O$_3$ oder Cu/ZnO/Al$_2$O$_3$ ersetzt. Die Produkteverteilung wird durch die Modifikationen des Al$_2$O$_3$ bestimmt. Durch den Einsatz der α-, θ- und ε-Modifikation kann BDO gewonnen werden. Bei der Verwendung der sauren γ-Modifikation wird BDO zu THF dehydratisiert. Der Produktverteilung besteht aus GBL und THF und lässt sich in seiner Zusammensetzung in weiten Bereichen (THF:BDO = 10:90 – 100:0) durch Variation der Prozessparameter einstellen.

Fischer et al. (2002) beschreiben ein einstufiges Verfahren, um THF durch Direkthydrierung zu gewinnen. MSA wird dem Festbett- bzw. Rohrbündelreaktor bei 240 – 245 °C zugeführt und bei einer Hot-Spot-Temperatur von 255 °C bei 3 – 7 bar umgesetzt. Bei zu niedrigeren Temperaturen deaktiviert der Katalysators bei gleichzeitg verminderter Selektivität zu THF. Höhere Temperaturen führen zu vermehrter Bildung von unerwünschtem n-Butanol oder n-Butan. Die Umsetzung erfolgt in der Gasphase bei Wasserstoff/Edukt-Verhältnissen von 50 – 100 und einer GHSV von 1100 – 2500 h^{-1}. Bei den Katalysatoren handelt es sich um Kupfer auf Al$_2$O$_3$ und/oder ZnO. Bei MSA-Umsätzen von 100 % werden Ausbeuten von 88 % an THF erzielt.

In einer zweistufigen Gasphasenhydrierung nach Borchert et al. (2002b) lassen sich variable Produktzusammensetzungen von THF und GBL erzielen. Die GHSV beträgt 3000 h^{-1} bei einem Wasserstoff/Edukt-Verhältnis von 100. Die Umsetzung erfolgt in zwei in Reihe geschalteten Rohr- oder Rohrbündelreaktoren bei 5 bar an einem Katalysator aus Kupfer auf Al$_2$O$_3$ und ZnO mit unterschiedlichen Zusammensetzungen. In der ersten Reaktionszone wird MSA bei 240 °C zu einem Gemisch aus THF und GBL umgesetzt. Die Ausbeuten betragen 10 % bzw. 88 %. In der zweiten Reaktionszone erfolgt bei 190 °C die vollständige Umsetzung des enthaltenen GBL zu THF.

Alternativ kann die Hydrierung von MSA nach Borchert et al. (2002c) auch in einem Wirbelschichtreaktor durchgeführt werden. Hierbei sind erhöhte Eduktkonzentrationen von bis zu

10 Vol.-% (1:9) ohne Deaktivierung des Katalysators durch Kondensation von MSA möglich. MSA wird mit dem Wasserstoffstrom in einer Zweistoffdüse als Nebel in den Reaktor eingebracht. Der zinkfreie Katalysator aus 60 Gew.-% CuO und 40 Gew.-% Al_2O_3 liegt als gemahlenes Pulver vor. Geeignete Prozessbedingungen liegen bei 5 bar und 260 °C.

Zur Gewinnung von BDO kann die Gasphasenhydrierung von MSA nach Rösch et al. (2005c) in zwei in Reihe geschalteten Rohr- bzw. Rohrbündelreaktoren durchgeführt werden. Der Katalysator ist in beiden Reaktionsstufen ein Kupfer-Trägerkatalysator aus 15 – 80 Gew.-% CuO und 20 – 85 Gew.-% Träger. Als Träger wird reines ZnO oder ZnO/Al_2O_3 Gemische verwendet. In der ersten Stufe wird MSA bei 235 – 270 °C und 2 – 30 bar bei Wasserstoff/Edukt-Verhältnissen von 50 – 100 zu GBL umgesetzt. In der zweiten Stufe wird GBL mit bis zu 50 Gew.-% Wasser verdünnt. Die Weiterhydrierung erfolgt bei 160 – 200 °C und 50 – 70 bar zu BDO. Es werden maximale Ausbeuten von 86 Gew.-% BDO erreicht.

2.2.8 Herstellung aus nachwachsenden Rohstoffen und anhand biotechnologische Verfahren

2.2.8.1 Überblick

Aufgrund der in Zukunft absehbaren Rohstoffverknappung und den daraus resultierenden steigenden Rohstoffkosten werden Technologien, auf Basis von nachwachsenden Rohstoffen, intensiv erforscht. Besonders dann, wenn die damit verbundenen Biotechnologien umweltschonendere Prozesse hinsichtlich der Ökobilanz und der Bindung des Treibhausgases Kohlenstoffdioxid ermöglichen. Bernsteinsäure (BS) hat als Plattformchemikalie großes Potential, wie in Abbildung 2.27 anhand möglicher Folgeprodukte verdeutlicht ist. Diese fällt als Zwischenprodukt des Tricarbonsäurezyklus an, welcher im Zentrum des Energiestoffwechsels von vielen höheren Zellen und vielen Mikroorganismen steht. Mit Hilfe von Mikroorganismen kann BS biologisch synthetisiert werden.

Frost und Sullivan (2009) schätzt, dass die mit nachwachsenden Rohstoffen erzielbaren Umsätze von 1,63 Mrd. US-Dollar im Jahr 2008 bis 2015 auf 5,01 Mrd. US-Dollar steigen werden. Die Stabilität der Preise und die Verfügbarkeit von nachwachsenden Rohstoffen verstärken diese Entwicklung. Neuere Projekte zeigen, dass die großtechnische Durchführung möglich ist. Laut BioAmber (2010) wurde Ende 2009 die weltweit erste Anlage mit einer jährlichen Produktion von ca. 2000 t BS fertig gestellt. Nach Schätzungen von Roquette und DSM (2010) liegt die jährliche Weltproduktion bei 35000 t.

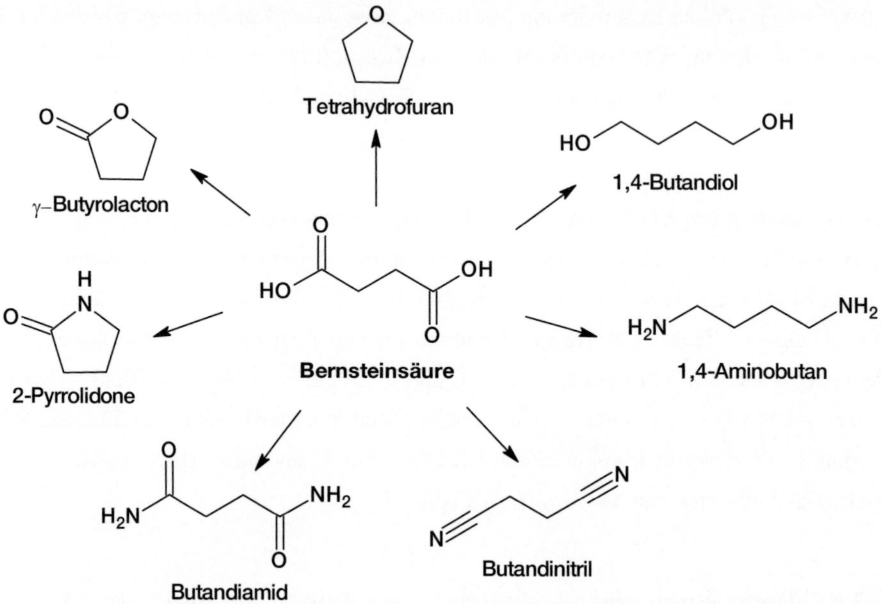

Abbildung 2.27: Bernsteinsäure als mögliche Plattformchemikalie.

Eine weiterere Möglichkeit THF aus nachwachsenden Rohstoffen zu gewinnen ist die saure Hydrolyse von Hemicellulose. Die Synthese von THF aus Furfural erfolgt durch Decarbonylierung zu Furan und anschließender Hydrierung zu THF (s. Abbildung 2.28).

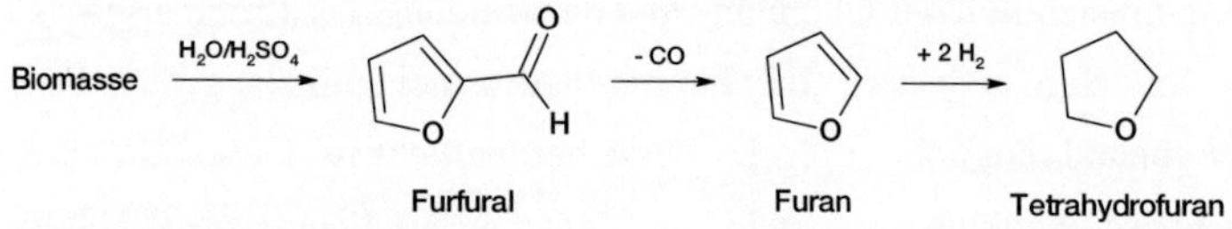

Abbildung 2.28: Reaktionsschema der sauren Hydrolyse von Biomasse zu Tetrahydrofuran.

Hemicellulose ist neben Cellulose das am häufigsten vorkommende Biopolymer und besteht aus C_5-Polysacchariden. Großtechnisch wurde Furfural erstmalig 1922 von der Quaker Oats Company durch saure Hydrolyse von Haferschoten gewonnen. DuPont startete 1949 die Produktion von Nylon 66 über THF aus Furfural. In den 50er-Jahren wurde dieser Syntheseweg wegen günstigeren Herstellungsverfahren eingestellt. Die Wirtschaftlichkeit ist stark abhängig vom Pentosegehalt und der lokalen Verfügbarkeit der Rohstoffe. Mögliche Rohstoffe mit ausreichendem Pentosegehalts sind Maiskolben, Bagasse, Haferhülsen, Mandelschalen und verschiedene Hölzer. Deren Pentosegehalt ist in Abbildung 2.29 dargestellt. Die größten Produktionsanlagen liegen heute in der Nähe von Zuckerfabriken, in denen Bagasse in großen Mengen anfällt.

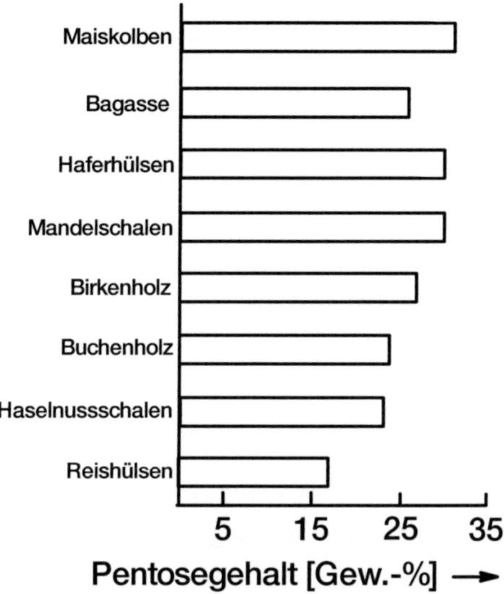

Abbildung 2.29: Pentosegehalt verschiedener Rohstoffe nach Hoydonckx et al. (2007).

Furfural besitzt großes Potential für die zukünftige Gewinnung von BDO und THF. Entscheidend für diese Syntheseroute ist der erste Verfahrensschritt, in dem Furfural aus nachwachsenden Rohstoffen gewonnen wird. Die landwirtschaftlichen Abfallprodukten würden ansonsten durch Verbrennung oder alternativ entsorgt werden. Um in Zukunft die Konkurrenzfähigkeit gegenüber den Prozessen auf Basis von fossilen Rohstoffen weiter zu verbessern, müssen die Furfuralausbeute und die Energieeffizienz der Verfahren weiter erhöht werden. Außerdem wird bis jetzt ausschließlich die C_5-Fraktion genutzt, während die restlichen Kohlenwasserstoffe zur Energiegewinnung verbrannt werden.

2.2.8.2 1,4-Butandiol und Tetrahydrofuran aus Bio-Bernsteinsäure

Obwohl die biologische Synthese von BS durch Mikroorganismen in der Literatur schon lange bekannt ist, ist die großtechnische Umsetzung relativ neu. Durch intensive Forschung wurden geeignete Mikroorganismen entdeckt oder gentechnisch verändert, die eine wirtschaftliche Umsetzung erlauben. Die fermentative Darstellung von BS wird in der Literatur von verschiedenen Quellen verfahrenstechnisch ähnlich beschrieben und besteht aus den folgenden Schritten: Ansetzen der Fermentationsbrühe, Darstellung durch Bakterien, Ausfällen und Abtrennen eines Bernsteinsäuresalzes, Gewinnung und Aufreinigung des Produkts. Die Verfahren unterscheiden sich in der eingesetzten Biomasse sowie in der Wahl des Bakterienstammes.

In Datta (1992) wird ein Prozess beschrieben, der BS mittels des Bakteriums A. succiniciproducends aus Glukose, Saccharose, Fruktose, Laktose oder löslicher Stärke gewinnt. Der Fermentationsprozess kann sowohl diskontinuierlich im Batch-Fermenter, als auch kontinuierlich in mehrstufigen Fermentern durchgeführt werden. Die Kohlehydratlösung und das Bakterium A. succiniciproducends werden mit verschiedenen Additiven zur pH-Regulierung, Ausfällung und Wachstumsbeschleunigung versetzt. Im beschriebenen Prozss bestehen diese aus Na_2CO_3, $Ca(OH)_2$ und Tryptophan (Aminosäure). Optimale Fermentationsbedingungen sind zwischen 30 – 40 °C, einem pH-Wert von 5,8 – 6,6 und einer anaeroben CO_2-Atmosphäre gegeben. Die von den Mikroorganismen gebildete BS wird als Salz in Form von Kalziumsuccinat ausgefällt und durch Vakuumfiltration von der Fermentationsbrühe abgetrennt. Das Filtrat wird in den Fermenter zurückgeführt. Der Vakuumrückstand wird in einem Slurry-Reaktor mit einem Überschuss Schwefelsäure gelöst. Dabei fällt schwerlösliches Kalziumsulfat an, das durch erneute Vakuumfiltration von der Bernsteinsäurelösung abgetrennt wird. Das übrige Filtrat enthält neben der BS noch verschiedene Ionenverunreinigungen, die zuerst durch einen stark sauren Ionentauscher und danach durch einen schwach basischen Ionentauscher entfernt werden. Durch das verwendete Verfahren sind Ausbeuten von BS von bis zu 90 Gew.-% bezogen auf die eingesetzte Kohlenhydratquelle möglich.

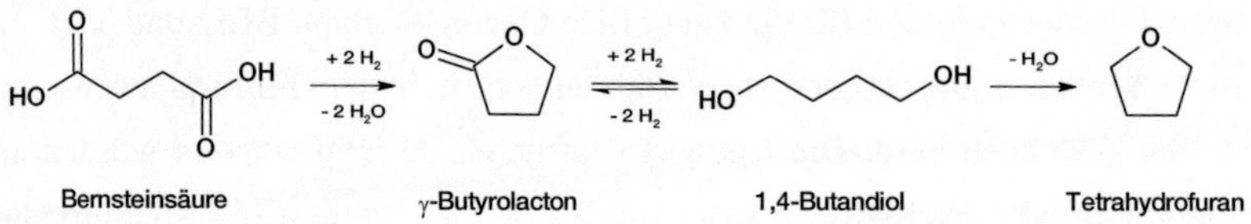

Abbildung 2.30: Reaktionsschema der Hydrierung von Bernsteinsäure zu Tetrahydrofuran.

Nach Scholten et al. (2010) lassen sich auch Aufschlussprodukte von Cellulose, Hemicellulose und Lignocellulose sowie (Poly-)Alkohole wie Glycerin umsetzen, wenn dafür ein genetisch veränderter Pasteurella Bakterienstamm verwendet wird. Vorteil dieses Bakterienstammes ist die Verbesserung der Ökobilanz, da bei Bildung der BS (C_4-Molekül) aus Glycerin (C_3-Molekül) das Treibhausgas Kohlendioxid gebunden wird. Die Umsetzung kann sowohl kontinuierlich als auch diskontinuierlich durchgeführt werden und erfolgt in gerührten Fermentern, Blasensäulen, Kreislaufreaktoren oder Batchreaktoren. Die Umsetzung erfolgt unter anaeroben Bedingungen bei 30 – 45 °C und einem pH-Wert von 6 – 7 in einer CO_2-Atmosphäre (0,1 – 1,5 bar Überdruck). Die Ausfällung und Aufreinigung erfolgt wie zuvor beschrieben. Die BS kann nach Scholten et al. (2010) direkt in flüssiger Phase bei 130 – 285 °C und 100 - 250 bar an Palladium/Rhenium-Katalysatoren auf Aktivkohleträgern zu BDO und THF hydriert werden (s. Abbildung 2.30). Alternativ kann die BS, ähnlich dem Davy-Verfahren (vgl. Kapitel 2.2.6), in

einer Reaktivrektifikation bei 70 – 200 °C und Atmosphärendruck zuerst zu einem Bernstein-
säureester verestert und anschließend in der Gasphase bei Wasserstoff/Ester-Verhältnissen von
1:800 bis 1:1500 bei 200 – 280 °C und 10 – 50 bar an Katalysatoren aus Kupferchromit auf
Al_2O_3- oder SiO_2-Trägern hydriert werden.

2.2.8.3   Tetrahydrofuran aus Furfural

Einer der ersten großtechnischen Prozesse stammt von Miner und Brownlee (1929). Bei dem
Verfahren wird in einem rotierenden Autoklaven aus Rohstoffen wie Hafer-, Reis-, Baum-
wollhülsen oder Maiskolben, die mit Schwefelsäure versetzt wurden, Furfural gewonnen. Über
einen Dampfmantel wird auf ca. 150 °C erhitzt und Wasserdampf mit einem Druck von 4 atm in
den Autoklaven eingeblasen. Ein gasförmiger Produktstrom wird abgezogen und kondensiert,
mit Natronlauge neutralisiert und zur Gewinnung von Furfural destilliert. Es werden Ausbeuten
an Furfural von ca. 10 Gew.-% des eingesetzten, trockenen Rohmaterials erreicht.

Dunlop (1951) zeigte, dass sich Furfural in Gegenwart von Säuren bei erhöhten Temperaturen zersetzt. Sie verbesserten den Prozess, indem sie die einzelnen Reaktionsschritte räumlich
auftrennten. In einer ersten Stufe werden bei moderaten Temperaturen bis 100 °C Pentosane
durch saure Hydrolyse zu Pentose umgesetzt. In der zweiten Stufe wird die Lösung in eine von
außen beheizte Extraktionskolonne geleitet, die mit einem geeigneten Lösungsmittel im Gegenstrom betrieben wird. Dabei kommt es unter Wasserabspaltung bei Temperaturen zwischen
160 – 210 °C zur Furfuralbildung. Durch kontinuierliche Extraktion von Furfural durch das
Lösungsmittel wird eine säurekatalysierte Zersetzung vermieden. Furfural wird im Anschluss
durch Destillation vom eingesetzten Lösungsmittel getrennt.

Zeitsch (1990) schlägt einen kontinuierlich betriebenen Prozess vor, bei dem pentosehaltiges, in
der Landwirtschaft als Abfall anfallendes Rohmaterial verwendet wird. Das Rohmaterial wird
in einem Mixer mit Schwefelsäure behandelt und anschließend am Eingang eines Rohrreaktors
mit heißem Wasserdampf auf 170 – 230 °C erhitzt. Das Produktgemisch wird nach Verlassen
des Reaktors abgekühlt und in einem Expansionsverdampfer (70 – 270 mbar) vom Feststoff
getrennt. Das gasförmige Furfural und Wasser werden kondensiert und destillativ aufgereinigt.
Die erreichbare Ausbeute an Furfural beträgt maximal 10 Gew.-% der trockenen Biomasse.

Das gewonnene Furfural kann durch eine Decarbonylierungsreaktion in der Flüssig- oder Gasphase zu Furan umgesetzt werden. Dunlop und Huffmann (1966) beschreiben die Flüssigpha-
sendecarbonylierung an heterogenen Katalysatoren, bestehend aus 5 – 10 Gew.-% Pd auf Al-,
Si- oder Aktivkohle-Trägern. Dabei wird reines Furfural zur pH-Regulierung mit Kalziumacetat
versetzt und bei 1,7 – 6,9 bar auf 190 – 225 °C erhitzt. Die Reaktionsprodukte Kohlenmonoxid

und Furan werden im gasförmigen Zustand abgezogen. Das nicht umgesetzte Furfural wird kondensiert und zurückgeführt.

Nach Schneider et al. (2010) kann die Decarbonylierung in der Flüssigphase auch in Gegenwart eines heterogenen Katalysators, bestehend aus Pt, Pd, Rh, Ni, oder Ru auf einem Träger aus Aktivkohle, Al_2O_3 oder SiO_2 durchgeführt werden. Bevorzugt wird ein Katalysator aus 0,1 – 5% Pd auf einem anorganischen Trägermaterial. Das flüssige Furfural wird mit basischen Alkali- oder Erdalkalisalzen versetzt und in Rohrreaktoren, Füllkörperkolonnen oder gepackten Blasensäulen umgesetzt. Die Reaktionsbedingungen liegen im Bereich von 100 – 200 °C und 0,5 – 10 bar. Vorteil dieses Verfahrens ist die durch die Reaktionsführung bedingte automatische Trennung des flüssigen Furanstroms von den gasförmigen Nebenprodukten Kohlenmonoxid, Kohlendioxid und Wasser.

Manly und O'Halloran (1965) führten die Gasphasendecarbonylierung nach Verdampfung des Furfurals in Festbettreaktoren durch. Die Umsetzungen erfolgt bei 1 – 2 atm und 290 – 310 °C in Anwesenheit von Wasserstoff (Wasserstoff/Furfural = 0,5 – 2). Der Katalysator besteht aus 0,3 – 10 Gew.-% Palladium auf Trägermaterialen wie Al_2O_3, $BaSO_4$ oder $CaCO_3$. Wambach et al. (1988) zeigten, dass durch geschickte Reaktionsführung und die Verwendung von neuen Katalysatorsystemen eine Produktivitätssteigerung erreicht werden kann. Die verwendeten Katalysatoren bestehen aus 0,1 - 10 Gew.-% Pt oder Rh und zusätzlich 0,1 – 10 Gew.-% Alkalioxide, bevorzugt Caesiumoxid, auf Al_2O_3. Das Verfahren wird in Festbettreaktoren oder Wirbelschichtreaktoren bei 300 – 350 °C und atmosphärischem Druck durchgeführt. Während des Betriebs wird die Reaktortemperatur angehoben, um bei fallender Katalysatoraktivität den gleichen Umsatz zu erzielen. Die Decarbonylierung erfolgt in Gegenwart von Wasserstoff. Ein bevorzugtes Molverhältnis von Wasserstoff/Furfural liegt zwischen 0,75 – 1. Ozer (2010) beschreibt die Decarbonylierung an Al_2O_3-Trägerkatalysatoren, auf denen 0,1 – 2 Gew.-% Palladium aufgebracht ist, bei Atmosphärendruck und Temperaturen von 270 – 330 °C. Geeignete Reaktoren sind Festbett- oder Rohrbündel-, aber auch Wirbelschichtreaktoren. Durch Abkühlen oder Drosselung des Produktstroms lässt sich Furan durch Auskondensieren von den Nebenprodukten abtrennen. Eine mögliche Prozessvariante beinhaltet die Zugabe von bis zu 30 Gew.-% Wasser im Feed, wodurch eine Umsatzsteigerung bei niedrigeren Temperaturen und geringerem Katalysatoreinsatz erreicht wird. Zusätzlich verschiebt sich die Selektivität hin zu THF.

Fischer und Pinkos (1996) beschreiben ein Verfahren, in dem Furan in Gegenwart von Wasser (Furan/Wasserverhältnis von 1:1 bis 1:10) und Wasserstoff bei 80 – 200 °C und 10 – 150 bar umgesetzt wird. Für den kontinuierlichen Betrieb eignen sich Festbettreaktoren. Als heterogener Katalysator werden Rh, Pd, Ru, Co, Ni oder Cu auf Aktivkohle, Al_2O_3 und SiO_2 eingesetzt. Auch Homogenkatalysatoren wie Komplexe des Rhodiums, Rutheniums und Kobalts mit Phosphin- oder Phoshpit-Liganden sind einsetzbar. Es hat sich als vorteilhaft erwiesen, die Umsetzung in Lösungsmitteln wie THF oder BDO durchzuführen. Im Anschluss werden die Verfahrensprodukte BDO und THF von den als Nebenprodukten anfallenden Wertprodukten GBL und n-Butanol durch Destillation getrennt.

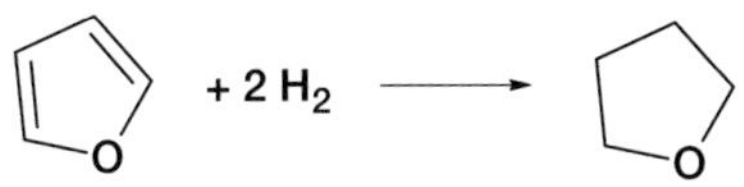

Furan $+\ 2\ H_2$ ⟶ Tetrahydrofuran

Abbildung 2.31: Reaktionsschema der Hydrierung von Furan zu Tetrahydrofuran.

Nach Hutchenson und Sengupta (2010) wird die Flüssigphasenumsetzung von Furan zu THF (s. Abbildung 2.31) in Slurry-, Fließbett- oder Festbettreaktoren durchgeführt. Typische Reaktorbedingungen liegen im Bereich von $100 - 120\ ^\circ C$ und $34 - 69$ bar. Um Katalysatordeaktivierung zu verringern wird die Hydrierung mit einem Überschuss an Wasserstoff betrieben. Die Reaktion kann optional in einem Lösungsmittel wie n-Propanol oder überschüssigem THF durchgeführt werden. Die verwendeten Katalysatoren bestehen aus Raney-Nickel und enthalten als Promotoren zusätzlich $0,5 - 6$ Gew.-% Eisen und $0,5 - 6$ Gew.-% Chrom. Gegenüber normalen Raney-Nickel Katalysatoren kann mit Hilfe der Promotoren eine deutlich erhöhte Langzeitaktivität erreicht werden. Die Ausbeute an THF beträgt $96 - 98$ %.

2.3 Katalysatoren für die Gasphasenumsetzung von Maleinsäure und ihren Derivaten

Die im Folgenden aufgeführte Zusammenfassung der wesentlichen Veröffentlichungen zu den Katalysatoren für die Hydrierung von MSA und ihren Estern dient dem interessierten Leser zur Orientierung beim Einstieg in die Thematik. Darüber hinaus ist sie Grundlage für die Auswahlbegründung des eingesetzten Katalysatorsystemes. Aus der Zusammenfassung gehen aber auch die Anforderungen an den idealen Katalysator für die Gasphasenumsetzung von DMM hervor, die in Kapitel 8 aufgegriffen werden. Die in der Literatur vorgeschlagenen Katalysatorsysteme sind jeweils für die Hydrierung von MS, MSA und diverse Maleinsäuredialkylester geeignet. Der Kernbestandteil für die Hydrierung ist Kupfer, dessen Aktivität durch diverse Zusätze gesteigert werden kann.

Bereits Miya et al. (1973) zeigten, dass durch Einsatz einer Mischung aus einem Cu-Cr-Zn Katalysator mit einem dehydratisierten Al_2O_3-SiO_2 Katalysator eine nahezu vollständige Umsetzung von MSA zu THF in der Gasphase möglich ist.

Castiglioni et al. (1993, 1994a) untersuchten verschiedene Cu/Cr_2O_3 Katalysatoren für die Gasphasenhydrierung von MSA zu GBL. Durch Zugabe von Zink konnte die Ausbeute von GBL verbessert werden, hauptsächlich durch die erhöhte Aktivität bei der Umsetzung des Zwischenschrittes BS zu GBL. Zudem konnte durch den Promotor Magnesium die Dehydratisierung zu THF und dessen Überhydrierung verringert werden. In Castiglioni et al. (1994b) wurde das Auftreten einer irreversiblen Kohlenstoffadsorption und Teerbildung in der Reaktionszone an $Cu/ZnO/Cr_2O_3$ beobachtet, sobald das Wasserstoff/MSA-Verhältnis kleiner 100 eingestellt wurde. Der Zusammenhang zwischen physikalischen und katalytischen Eigenschaften wurde von Castiglioni et al. (1995) untersucht. Mehrmaliges Verpressen von $CuO/ZnO/Al_2O_3$ Katalysatoren reduzierte deren Porosität. Dies führte bei der Hydrierung von MSA zu einer erhöhten Selektivität zu THF, während die Selektivität zu GBL kleiner wurde. Der Einfluss des Al-Anteils in $Cu/ZnO/Al_2O_3$ Katalysatoren auf die Aktivitität und Selektivität bei der Hydrierung von MSA wurde von Castiglioni et al. (1996) berichtet. Die höchste Ausbeute an GBL ($Y_{GBL, max} = 91\%$) konnte mit einem Al-Anteil von 17 % bei einem ausgeglichenen Cu/Zn-Verhältnis erreicht werden. Mit steigendem Al-Anteil war eine Zunahme der Kohlenstoffadsorption des Katalysators zu beobachten.

Uihlein (1992) hydrierte MSA sowohl in der Gas- als auch Flüssigphase an Kupfer- und Edelmetallkatalysatoren. Im Gegensatz zum Pd/Re-Katalysator deaktivierte der Cu/Mg_2SiO_4-Katalysator stark. In der Flüssigphase wird die Deaktivierung auf die Bildung von nichtflüchtigen, teerartigen Nebenprodukten aus BSA und BDO zurückgeführt, die durch eine dreistufige Prozessführung minimiert werden könnten.

Turek et al. (1994) erforschten die Hydrierung von DMS an verschiedenen Kupferkatalysatoren. Die Reaktionsgeschwindigkeit der Umsetzung von DMS zu THF verläuft an Cu/ZnO Katalysatoren bis zu einer Größenordnung (bezogen auf die spez. Kupferoberfläche) schneller, als an Cu/SiO_2 oder Cu/Cr_2O_3 Katalysatoren. Durch das Zugeben von ZnO an Cu/Cr_2O_3 Katalysatoren konnte deren Aktivität verbessert werden. Dadurch entstehen zusätzliche Adsorptionsstellen in der Nähe der aktiven Kupferzentren mit kurzen Diffusionsdistanzen. An den Cu/ZnO Katalysatoren wurde aus MeOH und Wasser Kohlenstoffdioxid gebildet, was an den Cu/SiO_2 oder Cu/Cr_2O_3 Katalysatoren nicht stattfand. Für hohe DMS-Umsätze an Cu/Cr_2O_3 Katalysatoren wurde ein äquimolares Stoffmengenverhältnis von GBL und THF gemessen, während an Cu/ZnO hauptsächlich GBL gebildet wird. Bei allen Katalysatoren schwand die Kupferoberfläche um bis zu 80 %, wodurch nicht klar ist, ob diese Katalysatoren langzeitaktiv sind.

Herrmann und Emig (1997) untersuchten die Hydrierung von MSA, BSA und GBL in der Flüssigphase an Kupfer- und Edelmetallkatalysatoren. Es wurde gezeigt, dass die Edelmetallkatalysatoren aktiver in der Hydrierung von MSA und GBL waren und etwa gleich aktiv wie die Kupferkatalysatoren in der Hydrierung von BSA. Die Kupferkatalysatoren sind geeignet für die Hydrierung von MSA und deaktivieren nicht. Hierzu wurden Cu/Cr_2O_3- und Cu/ZnO-Katalysatoren auch in Kombination mit Al_2O_3 und SiO_2 untersucht. BDO wird nur effektiv in Anwesenheit von ZnO gebildet. Zwar nimmt Zink nicht direkt an der Hydrierreaktion teil, jedoch werden aktive Kupferzentren aufgrund der selektiven Adsorption von BS am ZnO freigehalten.

Zhang et al. (1998) setzten $Cu/ZnO/Al_2O_3$-Katalysatoren unterschiedlicher Zusammensetzung in der Gasphasenhydrierung von DEM ein. Mit größerem Al_2O_3-Anteil nimmt die Aktivität ab, wobei aufgrund der sauren Eigenschaften des Al_2O_3 die Selektivität zu THF zunimmt. Verkleinert man den Kupferanteil, nimmt die Aktivität in der Umsetzung von DEM und die Selektivität zu BDO zu.

Küksal et al. (2000) verglichen verschiedene Cu-Zn-Al Katalysatoren für die Hydrierung von MSA zu BDO in der Flüssigphase. Dabei wurde der Einfluss der Herstellungsparameter und der Zusammensetzung auf die Katalysatoraktivität überprüft. Die Bildung von BDO und THF tritt effektiv nur bei Cu/Zn-Verhältnissen um 1 auf. Kleinere oder größere Verhältnisse führten zu einer Abnahme der Aktivität. Außerdem führten größere Verhältnisse zu einer erhöhten Bildung von BDO und zur Katalysatordeaktivierung durch Polymerbildung.

Guo et al. (2006) analysierten verschiedene $Cu-B/\gamma-Al_2O_3$ Katalysatoren für die einstufige Hydrierung von DMM zu THF. Die Chromanteile im Katalysator verbesserten die Selektivität zu THF, erhöhten die Dispersion des Kupfers und die intrinsische Katalysatoraktivität. Die höchste THF-Selektivität von 94 % wird bei Katalysatoren mit einem Molanteil von 30 % Cr bezogen auf die Kupfermasse und den Reaktionsbedingungen 280 °C, 50 bar, $H_2/DMM = 120$ erreicht.

Zhang et al. (2008a) führte die kontinuierliche Gasphasenhydrierung von MSA zu GBL an verschiedenen Cu-Zn-Ce Katalysatoren in Anwesenheit von n-Butanol durch. Die Katalysatoren wurden nach dem Kalzinieren zu Pellets gepresst, zerkleinert und als Festbett angeordnet bei Reaktionsbedingungen von 235 °C, 10 bar und $H_2/MSA = 50$ vermessen. Die Zugabe von n-Butanol verbesserte den Energie- und den Wasserstoffhaushalt durch Kopplung der exothermen Hydrierung von MSA mit der endothermen Dehydrierung von n-Butanol. Die höchsten Ausbeuten an GBL von 92 % wurden an Zn-freien Katalysatoren bei Cu/Ce Verhältnissen von 1/2 erreicht.

Zhang et al. (2008b) untersuchte die einstufige Gasphasenhydrierung von MSA zu THF in Anwesenheit von n-Butanol an verschiedenen $Cu/ZnO/TiO_2$ Katalysatoren bei 220 – 280 °C, 10 bar und einem $H_2/MSA = 50$. Die Zugabe von n-Butanol erfolgt zur Verbesserung des Energie- und des Wasserstoffhaushaltes. Mit höherem TiO_2-Anteil kann die spezifische Oberfläche des Katalysators und die Selektivität zu THF gesteigert werden. Eine zusätzliche Selektivitätssteigerung kann durch Temperaturerhöhung bis 280 °C realisiert werden. Die maximale Ausbeute an THF von 93 % wird mit einem Cu/Zn/Ti Verhältnis von 1/2/2 erreicht. An Katalysatoren ohne Zn wurde kein THF gebildet. Alternativ wurde die Hydrierung nach Zhang et al. (2009) in Anwesenheit von Ethanol an verschiedenen Cu-Zn-M (M = Al, Ti, Zr) Katalysatoren durchgeführt. Das Katalysatorpulver wurde nach dem Kalzinieren zu Pellets gepresst, zerkleinert und als Festbett angeordnet. Die höchste Selektivität zu THF von ca. 100 % konnte mit dem Cu-Zn-Ti Katalysator bei 220 °C gemessen werden. Das Ergebnis wurde mit der größten spezifischen Oberfläche im Vergleich zu den anderen Katalysatoren begründet.

Chen et al. (2009) erforschte Cu/SBA-15 Katalysatoren für die kontinuierliche Hydrierung von DMM zu BDO. Die verwendeten Katalysatoren weisen aufgrund unterschiedlicher Herstellungsmethoden variable spezifische Kupferoberflächen auf. Die Aktivität der Katalysatoren nimmt mit größerer Kupferoberfläche zu. Die Cu/SBA-15 Katalysatoren erreichen bei den Reaktionsbedinungen 220 °C, 50 bar, H_2/DMM = 300 BDO-Ausbeuten von bis zu 66,1 %. Im Vergleich zu Cu/ZnO/Al_2O_3 Katalysatoren sind eine Zehnerpotenz höhere Raum-Zeit-Ausbeuten möglich.

Ding et al. (2010) hydrierte aus Biomasse erzeugtes DES an CuO/ZnO Katalysatoren mit und ohne HY-Zeolith. Der zeolithfreie Katalysator erreichte 86 % BDO-Ausbeute bei 170 °C, 40 bar und H_2/DEM = 100:1. Dabei wurde die Bildung von Ethyl-4-hydroxybutyl-succinat festgestellt, die erste Stufe der Polyesterbildung. Die Nebenprodukte Propanol und Butanol entstehen aus der Überhydrierung von BDO. An dem sauren HY-Zeolith reagiert BDO komplett zu THF, wodurch keine Polyestervorstufen und nur geringe Mengen Nebenprodukte entstehen.

Im Davy-Prozess werden bis heute chromhaltige Katalysatorsysteme nach Turner et al. (1988), Wood et al. (2001) und Sutton (2003) für die Hydrierung von DMM verwendet. Die Umsetzung erfolgt in zwei aufeinanderfolgenden Reaktionszonen, die mit Mischungen verschiedener Katalysatoren abhängig von der gewünschten Produktverteilung befüllt sind. Die Kupferchromit-Trägerkatalysatoren sind in Tablettenform gepresst und als Festbett angeordnet. Die Unterschiede der Katalysatoren liegen in der Porenradienverteilung, den Promotoren und den anorganischen Trägermaterialien, worüber die Aktivität und die Selektivität beeinflusst werden. Als Promotoren sind Palladium, Magnesium (Tuck et al. (1999)) und Mangan bekannt. Als Träger kommen ZnO, Al_2O_3, SiO_2, SiC, ZrO_2, TiO_2 oder Aktivkohle in Frage.

Im Folgenden werden verschiedene Katalysatoren für die Hydrierung von MSA und deren Ester vorgestellt, die in BASF-Patenten beschrieben sind: Von Borchert et al. (2002d) werden chromfreie Katalysatoren bestehend aus CuO/Al_2O_3 oder CuO/ZnO/Al_2O_3 vorgeschlagen. Die Katalysatorpulver werden nach einer Vorschrift gefällt, die der von Schlander und Turek (1999) beschriebenen gleicht und anschließend zu Tabletten gepresst. Die Tabletten sind porös und haben einen CuO-Anteil von über 25 Gew.-%. Wichtig für eine hohe Selektivität zu THF ist eine hohe Porosität. Der Makroporenanteil (>50nm) sollte größer als 30% des Gesamtporenvolumens sein. Die geforderte Porosität wird durch vorkalzinierte Vorläuferpulver und zugesetzte Porenbildnern erreicht. Die mechanische Festigkeit und Fliessfähigkeit der keramischen Paste wird durch den Zusatz von bis zu 10 Gew.-% Graphit verbessert. Unter Reaktionsbedingungen von 250 – 260 °C und ca. 20 bar werden THF-Selektivitäten bis zu 98 % erreicht.

Alternativ kann nach Borchert et al. (2002a) ein Schalenkatalysator eingesetzt werden. Die Oberfläche der Katalysatorkugeln, die aus einem nicht porösen Trägermaterial wie beispielsweise Steatit $Mg_3Si_4O_{10}(OH)_2$ bestehen, werden angeraut und mit Aktivmasse beschichtet. Der Aktivmassenanteil beträgt 15 – 30 Gew.-% der Gesamtmasse und besteht aus 40 – 90 Gew.-% CuO und 10 – 60 Gew.-% Al_2O_3 und/oder ZnO. Die Schalenkatalysatoren zeichnen sich durch eine höhere mechanische Stabilität gegenüber porösen Katalysatoren aus. Je nach Katalysatorzusammensetzung sind unterschiedliche Selektivitäten zu THF bzw. GBL einstellbar. Die maximale THF-Selektivität beträgt bei 270 °C etwa 96 %.

Für die selektive Herstellung von BDO muss die Hydrierung nach Hesse et al. (2003) an Katalysatoren ohne saure Zentren durchgeführt werden. Dazu werden Cu-Trägerkatalysatoren vorgeschlagen, die aus 15 – 80 Gew.-% CuO und 20 – 85 Gew.-% Trägermaterial bestehen. Als Trägermaterialien werden ZnO/Al_2O_3-Gemische bevorzugt, in denen Al_2O_3 in der α-, δ-, θ- und η-Modifikation vorliegen. Alternativ können Mischungen aus SiO_2 mit MgO, CaO und/oder ZnO eingesetzt werden.

Eine weitere Variante ist nach Schlitter et al. (2003a) ein palladiumhaltiger Cu/Al_2O_3-Katalysator. Dieser zeichnet sich gegenüber Cu/Al_2O_3-Katalysatoren durch eine höhere Raumzeitausbeute bei gleicher Selektivität zu THF aus. Die Vorläuferpulver werden durch Fällung von Kupfer- und Aluminiumcarbonat gewonnen. Das Pulver wird mit Graphit gemischt und zu Tabletten gepresst, die in einer Palladiumsalzlösung getränkt werden. Nach dem Kalzinieren enthält der Katalysator 60 – 90 Gew.-% CuO, 8 – 40 Gew.-% Al_2O_3, 0 – 10 Gew.-% Graphit und 0,05 – 2 Gew.-% Palladium.

Schubert et al. (2004) schlägt einen Re/Pt-Katalysator für die selektivive Hydrierung von BS, MS oder Anhydride und Ester dieser Säuren vor. Die Katalysatoren bestehen aus 2 – 7 Gew.-% Rhenium und 0,3 – 4 Gew.-% Platin auf einem anorganischen Trägermaterial wie ZrO_2. Alternative Träger können TiO_2, HfO_2 oder Aktivkohle sein. Die Herstellung erfolgt durch aufeinanderfolgende Imprägnierung der gebrochenen Trägerstränge in einer Re_2O_7- und $Pt(NO_3)_4$-Lösung. Bei Reaktionsbedingungen von 80 bar und 160 °C können BDO-Selektivitäten von bis zu 91,4 % ereicht werden.

Schlitter et al. (2005) und Rösch et al. (2005a) lassen zinkfreie Katalysatorextudate auf Basis von Kupfer und Al_2O_3 zur Hydrierung von MSA schützen. Die Aktivmasse aus Cu und Al_2O_3 wird durch Ausfällung entsprechender Metallsalze gewonnen. Der keramische Binder, beispielsweise Böhmit AlO(OH), wird mit Ameisensäure angeätzt und mit der Aktivmasse vermischt. Die keramische Paste wird zu Strängen extrudiert und kalziniert. Die Extrudate enthalten im nichtreduzierten Zustand 40 – 65 Gew.-% CuO und 20 – 50 % Al_2O_3, das aus dem Binder und aus der Aktivmasse stammt. Bei Drücken zwischen 5 – 15 bar und Temperaturen um 250 °C erhält man Gemische aus GBL und THF, wogegen bei 25 bar eine THF-Selektivität von 97 % erreicht werden kann.

Im Folgenden werden die drei Vorarbeiten am Insitut für Chemische Verfahrenstechnik zur Gasphasenumsetzung von DMM skizziert. Dabei werden die Erkenntnisse bezüglich des Katalysators aufgeführt, an die die vorliegende Arbeit anschließt.

Schlander und Turek (1999) untersuchten die Gasphasenhydrierung von DMM zu BDO an verschiedenen Katalysatorzusammensetzungen aus Cu und ZnO. Eine große Kupferoberfläche als auch ein hoher ZnO-Anteil sind für einen hohen Umsatz an DMS notwendig. Die höchste Aktivität liegt bei einem Cu/ZnO Verhältnis von ca. 15 %. Durch Zugabe von 5 Mol-% Al konnte nach Mokhtar et al. (2001) zusätzlich eine Erhöhung der spezifischen Kupferoberfläche erreicht werden.

Ohlinger und Kraushaar-Czarnetzki (2003) zeigten, dass durch die Erhöhung der Kalziniertemperatur bei der Cu/ZnO-Katalysatorherstellung von 350 auf 550 °C der Verlust an aktiver Kupferoberfläche in den ersten Betriebsstunden von 35 % auf weniger als 10 % verringert werden kann. Die höchste Aktivität wurde bei einem Cu/ZnO Verhältnis von 1 festgestellt.

Müller et al. (2003) untersuchte die einstufige Gasphasenhydrierung von DMM zu THF an extrudierten Katalysatoren aus Cu/ZnO/γ-Al_2O_3. Die Extrudate unterscheiden sich von pelletierten Cu/ZnO Katalysatoren durch größere Poren und einer höheren Porosität. Mögliches Problem der Gasphasenreaktion ist „fouling" und „plugging" aufgrund von Polymerablagerungen, die durch Kondensation von BDO und DMS in den Katalysatorporen auftreten. An den sauren Zentren des γ-Al_2O_3 dehydratisiert BDO zu THF, dass das Polymerproblem nicht mehr auftritt. Die Ausbeute an THF beträgt bis zu 100 %, was bedeutet, dass eine einstufige Gasphasenhydrierung von DMM zu THF ohne Einschränkung möglich ist.

Wie man den oben stehenden, kurzen Zusammenfassungen der Literatur entnehmen kann, eignen sich Kupferkatalysatoren für die Gasphasenhydrierung von MS, MSA, BS sowie BSA und deren Dialkylester. In frühen Arbeiten sowie in den Patenten der Firma Davy werden die Katalysatorsysteme mit Chromoxid erweitert. Aus Umwelt- und Sicherheitsgründen sollte auf den Einsatz der toxischen Cu/Cr_2O_3-Katalysatoren verzichtet werden, was in den meisten jüngeren

Veröffentlichungen berücksichtigt wurde. Als Alternative bietet sich Zink- und Aluminiumoxid an, deren positiver Einfluss auf die Dispersion des Kupfers und der katalytischen Aktivität in vielen zitierten Arbeiten unterstrichen wurde. Abhängig davon, ob BDO, THF oder ein Gemisch mit GBL produziert werden soll, kann ein Aluminiumoxid mit oder ohne saure Zentren eingesetzt werden. Darüber hinaus stellt die Promotierung mit Edelmetallen (Pt, Pd, Re, Ru) oder Seltenen Erden (Ce) der beschriebenen Katalysatorsysteme oder reiner Trägerstrukturen eine weitere Alternative dar. Bei der kritischen Betrachtung dieser Patente konnte die vermeintliche Verbesserung in der geschickten Wahl des Vergleichs entdeckt werden. Festhalten kann man, dass diese teuren Katalysatorsysteme bezüglich der Aktivität und Selektivität zumindest nicht schlechter sind. Der Katalysatorformkörper ist nur selten Gegenstand in der Literatur. Dessen Einfluss auf die Aktivität und Selektivität sollte aber nicht unterschätzt werden. Als vorteilhaft haben sich Formkörper mit hoher Porosität und Poren größer 50 nm erwiesen. Für die Gasphasenumsetzung von DMM zu THF in dieser Arbeit erwies sich die Wahl des Katalysatorsystems auf Basis von $Cu/ZnO/\gamma\text{-}Al_2O_3$ in Extrudatform als zweckdienlich. Die Extrudate eignen sich sowohl aufgrund der hohen Porosität und ihrem großen Makroporenanteil als auch aufgrund der Handhabung beim Befüllen und Leeren der Reaktoren. Die Bifunktionalität des $Cu/ZnO/\gamma\text{-}Al_2O_3$-Katalysators bezüglich der Hydrierung und der Dehydratisierung ermöglicht die einstufige Durchführung der Reaktion.

3 Experimentelle Methoden

3.1 Katalysatorherstellung

3.1.1 Überblick

Die in der vorliegenden Arbeit für die Katalysatorherstellung und -charakterisierung verwendeten Begriffe werden im Folgenden vorgestellt.

Binder

Vor dem Kalzinieren wird Pseudoboehmit ($AlO(OH) \cdot 2\ H_2O$, Verkaufsname Pural SB) und nach dem Kalzinieren γ-Al_2O_3 als Binder bezeichnet.

Vorläufer

Das durch Simultanfällung gewonnene $CuCO_3$/$ZnCO_3$-Pulver wird Vorläufer genannt.

Kalzinierter Vorläufer

Vorläufer, der durch Erhitzen in Luft auf 550 °C (Kalzinieren) zu CuO/ZnO umgewandelt wurde.

Keramische Paste

Die keramische Paste ist die extrusionsfähige Mischung aus Vorläufer, Binder und wässrigem Plastifizierhilfsmittel.

Grünkörper

Als Grünkörper werden die durch Extrusion der keramischen Paste erhaltenen zylindrischen Stränge bezeichnet. Sie enthalten noch Wasser und Plastifizierhilfsmittel.

Extrudate

Cu/ZnO/γ-Al_2O_3-Extrudate entstehen aus Grünkörpern beim Erhitzen in Luft auf 550 °C (Kalzinieren) und der *in situ* Aktivierung im Reaktor.

Die in dieser Arbeit untersuchten Katalysatoren wurden unter Verwendung von selbst gefälltem Vorläufer und dem kommerziell erhältlichem Binder Pural SB nach der Methode von Müller et al. (2003) hergestellt. Im Folgenden wird die Katalysatorherstellung detailliert beschrieben. Dem Anhang A.1.1 ist eine Aufstellung und Erläuterung der Charakterisierungsmethoden zu entnehmen.

3.1.2 Fällung des Vorläuferpulvers

Der Vorläufer $CuCO_3/ZnCO_3$ wurde durch chargenweise Simultanfällung aus den äquimolaren $(1\ mol\cdot L^{-1})$ Metallnitratlösungen mit einer $(1\ mol\cdot L^{-1})$ Natriumcarbonatlösung nach Hermann et al. (1979) hergestellt. In Abbildung 3.1 ist der schematische Aufbau der Apparatur zur Fällung dargestellt.

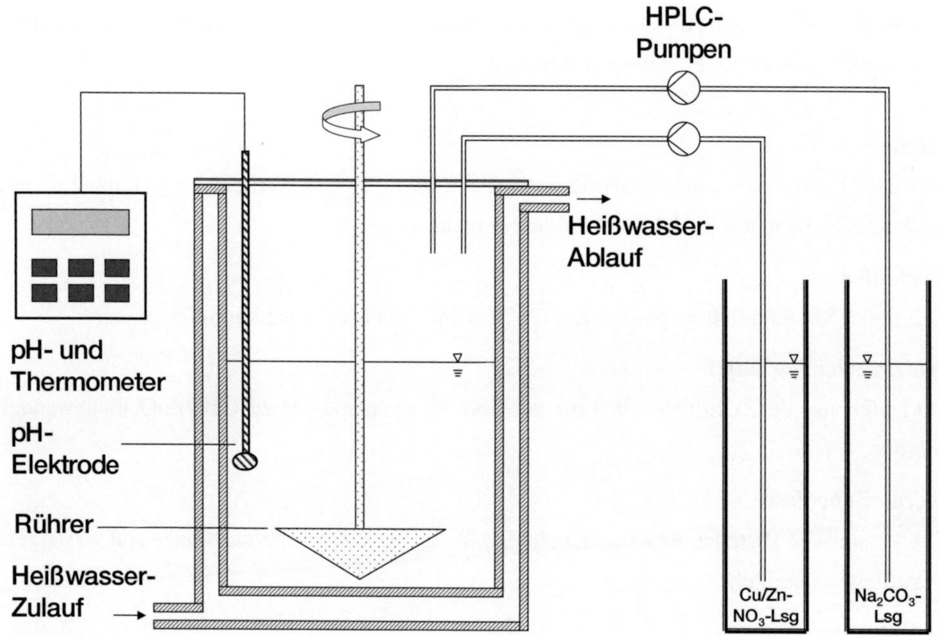

Abbildung 3.1: Schematischer Aufbau der Fällungsapparatur.

Ein doppelwandiger Isotherm Glaszylinder mit 14 cm Durchmesser und 30 cm Höhe wurde als Fällungsgefäß benutzt. Zur Temperierung durchströmte 90 °C heißes Wasser den Gefäßmantel, das kontinuierlich per Thermostat auf Temperatur gehalten wurde. Die Fällungssuspension durchmischte ein dreieckiger Teflonrührer bei konstanter Drehzahl von 200 $U\cdot min^{-1}$. Zur Temperatur- und der pH-Wert-Überwachung war eine pH-Elektrode mit integriertem Temperatursensor eingesetzt. Zwei Mikrodosierpumpen (Merk-Hitachi, L6000) pumpten kontinuierlich die Lösungen, die jeweils in einem 1 L Becherglas bereitgestellt waren, über eine fixierende Führung des Deckels in den Fällungsbehälter.

Zunächst wurde eine 1 $mol\cdot L^{-1}$ Kupfer- und 1 $mol\cdot L^{-1}$ Zinknitratlösung zu gleichen Teilen in einem 1 L Becherglas vorgelegt. In einem weiteren 1 L Becherglas wurde 1 $mol\cdot L^{-1}$ Natriumcarbonatlösung bereitgestellt. Im doppelwandigen Fällungsgefäß wurde 1 L entionisiertes

Wasser auf 86 °C temperiert. Der Volumenstrom der Kupfer-/Zinknitratlösung wurde auf 6,8 mL·min^{-1} eingestellt, während der Volumenstrom der Natriumcarbonatlösung variabel geregelt wurde, so dass sich im Fällungsgefäß ein pH-Wert von $7{,}0 \pm 0{,}1$ einstellte. Sobald die Fällungssuspension einen Füllstand 5 cm unter der Oberkante erreichte, wurde die Dosierung abgeschaltet und die Suspension innerhalb einer Stunde, weiterhin gerührt, auf Raumtemperatur abkühlen lassen. Die Suspension wurde mehrmals filtriert und in 1 L entionisiertem Wasser resuspendiert, bis das Waschwasser eine Leitfähigkeit unter 5 μS·cm^{-1} erreicht hatte. So sollte sicher gestellt werden, dass in der Suspension keine Natrium- und Nitrationen verbleibenen. Die resultierende Feuchtmasse wurde als dünne Schicht über 16 Stunden bei 80 °C getrocknet. Pro Fällungsversuch ergibt sich eine Ausbeute von 80 – 100 g Vorläufer. Die Partikelgrößenverteilung des Vorläufers ist in Abbildung 8.1 dargestellt.

3.1.3 Binder

Aluminiumoxide und Metahydroxide dienen als Katalysatoren oder Trägermaterialien für katalytisch aktive Substanzen. In Abbildung 3.2 sind die Phasenübergangstemperaturen von hydroxidischen und oxidischen Phasen dargestellt.

$$\text{AlO(OH)} \cdot 4\,H_2O \xrightarrow{150\,°C} \text{AlO(OH)}$$
$$\text{Bayerit} \qquad\qquad \text{Boehmit}$$
$$\text{AlO(OH)} \cdot 2\,H_2O$$
$$\text{Pseudoboehmit}$$
$$\xrightarrow{450\,°C} \gamma\text{-Al}_2\text{O}_3 \xrightarrow{750\,°C} \delta\text{-Al}_2\text{O}_3 \xrightarrow{1200\,°C} \alpha\text{-Al}_2\text{O}_3$$

Abbildung 3.2: Phasenübergangstemperaturen von hydroxidischen und oxidischen Phasen des Aluminiumoxids.

Bayerit kommt in der Natur vor, kann aber auch durch Fällung von Al^{3+}-Ionen aus wässrigen Lösungen gewonnen werden. Nach thermischer Behandlung erhält man aufgrund der Phasenumwandlung Boehmit. Nach erneuter Wasserabspaltung ab 450 °C bildet sich γ-Al$_2$O$_3$, das leicht saure Zentren besitzt. Diese sauren Zentren sind für die katalytische Anwendung bei der Gasphasenumsetzung von DMM von zentraler Bedeutung. Mittels intensiverer, thermischer Behandlung kann man die Phasen δ- und α-Al$_2$O$_3$ bilden, die keine sauren Zentren aufweisen. Die γ-, δ- und α-Modifikation ist durch die Ausbildung von Feststoffbrücken mechanisch sehr stabil.

In dieser Arbeit wurde der Binder Pseudoboehmit (Pural SB, Sasol) zur Herstellung der Katalysatoren eingesetzt. In der Tabelle 3.1 sind Charakteristika des Binders aufgelistet. Die Partikel werden durch Sprühagglomeration hergestellt. Die Stabilität der Agglomerate wird durch den

Tabelle 3.1: Eigenschaften von Pural SB.

Eigenschaften	Einheit	
Al_2O_3-Gehalt	Gew.-%	74
H_2O-Gehalt	Gew.-%	26
mittlere Partikelgröße D_{50} Agglomerate	μm	35,3
mittlere Partikelgröße D_{50} Primärpartikel	nm	5 - 10
NAG-Wert	min	> 14
Lot-Nummer		46752

NAG-Wert (Nitric Acid Gelationtime) angegeben und durch Aufschlämmen mit einer definierten Menge Salpetersäure bestimmt, wobei der NAG-Wert der Zeit entspricht bis die Suspensionsviskosität 10 Pa s erreicht hat. Ursache der Viskositätszunahme ist der Zerfall der Agglomerate in Primärpartikel, welcher durch die Erhöhung des Zeta-Potentials hervorgerufen wird. Die Partikelgrößenverteilung ist in Abbildung 8.1 dargestellt.

3.1.4 Mischen, Extrusion und Kalzinierung

Zum Herstellen einer extrudierfähigen Paste wurden bestimmte Mengen an Vorläufer und Binder[1] zusammen mit einem Plasifizierhilfsmittel in einen Rheokneter (Polydrive Rheomix 610p, Haake) gegeben. Da das Verhältnis von Vorläufer zu Binder einen großen Einfluss auf die Charakteristika der Extrudate und die reaktionstechnische Leistung hat, wird das Massenverhältnis b wie folgt definert.

$$b = \frac{m_{CuCO_3/ZnCO_3}}{m_{CuCO_3/ZnCO_3} + m_{Pseudoboehmit}} \tag{3.1}$$

Als Plastifizierhilfsmittel und Porenbilder wurde eine bestimmte Menge an 8,5 Gew.-%er, wässriger Hydroxyethylcellulose (HEC, Fluka, medium viscosity) in den Rheokneter gegeben. Der zur Extrusion geeignete Mengenbereich an HEC und dessen Einfluss auf die Viskosität der keramischen Paste ist in Müller (2005) beschrieben.

Das Volumen der Mischkammer beträgt 120 cm^3 (Nettovolumen unter Abzug der Knetwerkzeuge 85 cm^3). Die Nockenrotoren liefen bei einer Drehzahl von 40 U·min^{-1}. Der zeitliche

---

[1]Pseudoboehmit = AlO(OH) · 2 H_2O

Verlauf des anliegenden Drehmomentes, dessen Integration der eingetragenen mechanischen Energie entspricht, kann aufgezeichnet werden. Anhand des Energieeintrages bzw. der Mischzeit kann der Deagglomerationsfortschritt des Vorläufers und Binders beschrieben werden.

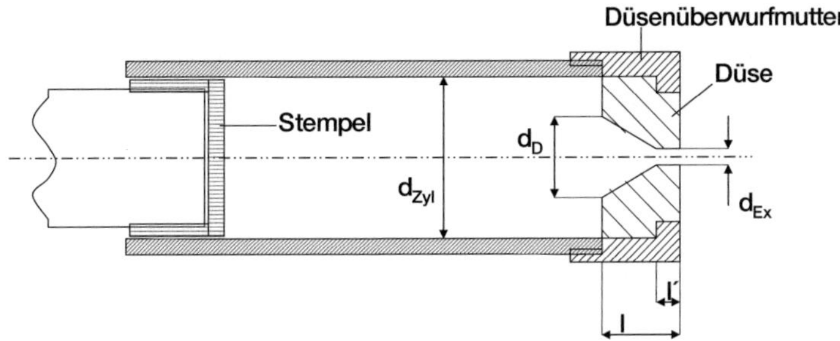

Abbildung 3.3: Skizze des Einstrangkolbenextruders.

Nach dem Mischen wurde die keramische Paste mittels eines diskontinuierlich betriebenen Extruders (Eigenbau des Instituts für Chemische Verfahrenstechnik) bei einem Vorschub von $0{,}2$ mm·s^{-1} in eine zylindrische Form gebracht. In Abbildung 3.3 ist eine schematische Skizze des Extruders dargestellt. Der Zylinderdurchmesser d_{Zyl} beträgt 49 mm, der Düseninnendurchmesser d_D beträgt 19 mm und der Düsenaustrittsdurchmesser d_{Ex} 2 mm.

Beim Extrudieren wurden 30 cm lange zylindrische Grünkörper erzeugt, die 12 Stunden bei Raumtemperatur trockneten. Diese werden zu Zylinderstücken von 5 mm gekürzt und in sogenannten Muffelöfen (Nabertherm) unter Luftatmosphäre kalziniert. In Abbildung 3.4 ist das Temperaturprogramm des Kalziniervorganges dargestellt.

$$25\,^\circ C \xrightarrow[5\,^\circ C\,/\,min]{35\ min} 200\,^\circ C \xrightarrow[2\,^\circ C\,/\,min]{175\ min} 550\,^\circ C \xrightarrow{180\ min} 550\,^\circ C \xrightarrow{1000\ min} 25\,^\circ C$$

Abbildung 3.4: Programmierter Temperaturverlauf des Kalziniervorganges.

Beim Kalzinieren zersetzen sich die Metallcarbonate unter Kohlenstoffdioxidfreisetzung in Oxide während das Pseudoboehmit zu γ-Al$_2$O$_3$ dehydratisiert wird. Dabei bilden sich Sauerstoffbrücken aus, die die mechanische Stabilität der Extrudate begründen.

$$CuCO_3 \rightarrow CuO + CO_2 \tag{3.2}$$

$$ZnCO_3 \rightarrow ZnO + CO_2 \tag{3.3}$$

$$2AlO(OH) \rightarrow \gamma - Al_2O_3 + H_2O \tag{3.4}$$

Das Plastifizierhilfsmittel wird beim Kalzinieren vollständig oxidiert. Dabei sowie bei der Kohlenstoffdioxidfreisetzung der Metallcarbonate und hauptsächlich bei der Verdunstung des Zwickelwassers in der Bindermatrix bildet sich die Porenstruktur der Extrudate aus.

3.2 Reaktionstechnische Messungen

3.2.1 Aufbau der Anlage zur Hydrierung von Dimethylmaleat

Abbildung 3.5 zeigt das Verfahrensfließbild der Laboranlage, in der die reaktionskinetischen Messungen der Umsetzung von DMM zu THF durchgeführt wurden.

Dosierung der Edukte

Wasserstoff (Trägergas für den Gaschromatograph und Reaktant), das Inertgas Helium und der GC-Standard Propan wurden Druckgasflaschen entnommen und mittels thermischer Massendurchflussregler (Bronkhorst, HI-TEC F-201C) entsprechend den angestrebten Konzentrationen dosiert. Bei Umgebungstemperatur liegt das Edukt DMM flüssig vor und wurde in einem Druckbehälter von 500 cm^3 vorgehalten. Unter Heliumatmosphäre bei 2 – 3 bar über Anlagendruck wurde DMM einem Dosier-Zerstäuber-Verdampfer-System zugeführt. Um die Konzentration an DMM über einen großen Bereich variieren zu können, wurden zwei solcher Dosierer (Bronkhorst, HI-TEC FA-11-0 bis 15 g·h^{-1} und μ-Flow bis 1,5 g·h^{-1}) parallel angeordnet. Darauf folgte ein Mischventil (Bronkhorst, HI-TEC W-002-119-P/W-100), in dem DMM in den Wasserstoffstrom zerstäubt wurde. Ein selbst entworfener Verdampfer, ein "$\frac{1}{2}$" U-Rohr mit SiC-Partikeln (1 mm Durchmesser) gefüllt und eine 300 W Heizung, sorgte für vollständige Verdampfung bei 220 °C.

Druckregelung

Der Druck in der Anlage wurde mit einem elektronischen Drucksensor (Bronkhorst, HI-TEC P-502C) aufgenommen. Zur Regelung standen zwei elektrisch gesteuerte Nadelventile (Kämmer, 80157), die parallel angeordnet waren, bereit. Aufgrund unterschiedlicher Durchfluss-Kennwerte (k_{vs} = 0,00063 und 0,000016) konnten Volumenströme von 50 – 2000 ml·min^{-1} und Drücke zwischen 1 – 50 bar geregelt werden.

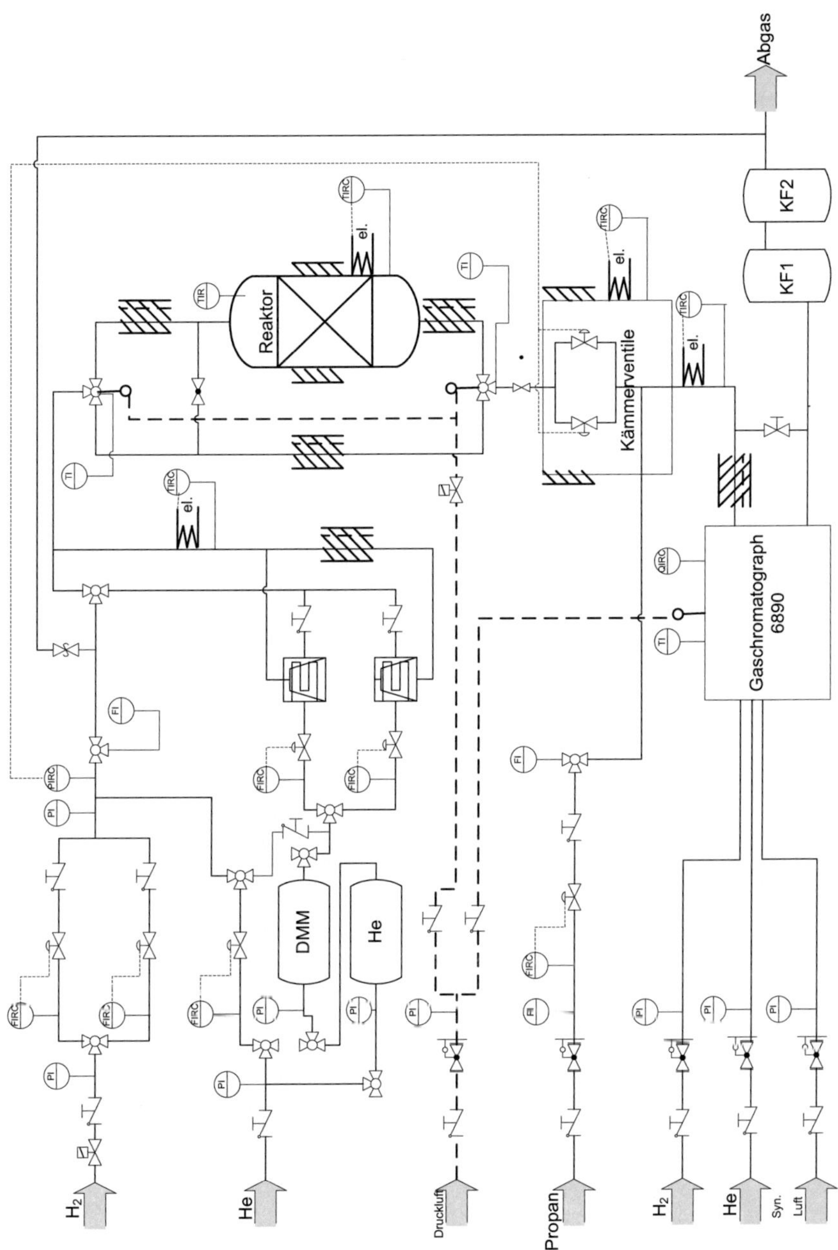

Abbildung 3.5: R&I Fließschema der Versuchsanlage.

Reaktor

In Abbildung 3.6 ist der Reaktor schematisch dargestellt. Der isotherm und integral betriebene Rohrreaktor hatte eine Länge von 270 mm und einen Außendurchmesser von 16 mm bei einer Wandstärke von 1,5 mm. Der Reaktor wurde von unten nach oben durchströmt. Zuerst diente eine Siliziumcarbid-Schüttung (SiC) mit Länge von mindestens 12 cm zur Ausbildung einer nahezu idealen Kolbenströmung. Darauf folgte die Schüttung der Katalysatorextrudate. Die Hohlräume zwischen den Extrudaten waren mit feinem SiC-Split (0,2 mm) aufgefüllt wurden, um die Reaktionswärme effizient abzuführen. Das restliche Reaktorvolumen wurde mit SiC-Partikeln (1 mm) aufgefüllt. Die einzelen Schüttungsabschnitte wurden mit Glaswolle getrennt.

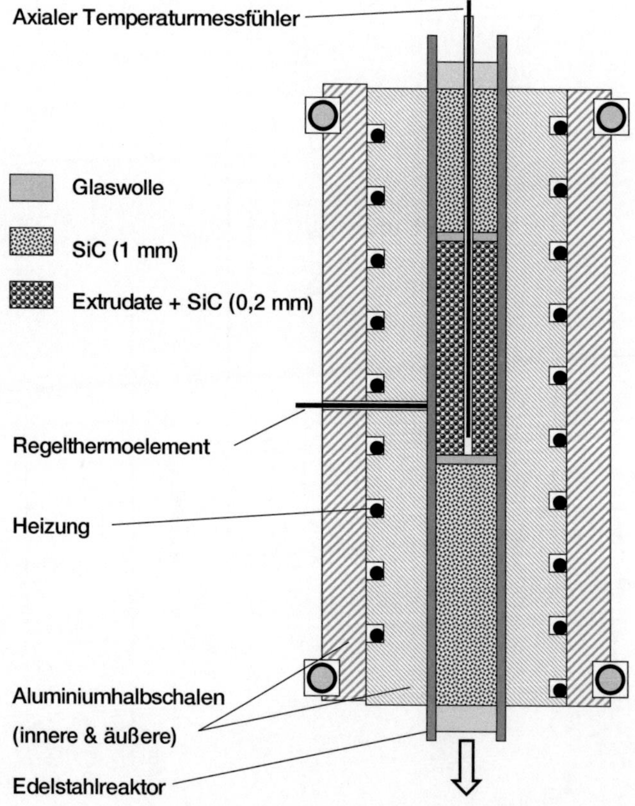

Abbildung 3.6: Schematische Darstellung des Reaktors (Längsschnitt).

Der Reaktor ist von zwei Aluminiumhalbschalen umschlossen, in deren spiralförmig umlaufender Nut befindet sich eine elektrische Widerstandsheizung. Zwei weitere Halbschalen umschließen diese und werden mit zwei Klemmbügeln fixiert. Ein Ni/Cr-Ni-Thermoelement ist radial in den Reaktormantel eingelassen und dient als Messglied für die Temperaturregelung des Reaktors. Zusätzlich ist ein weiteres Ni/Cr-Ni-Thermoelement in einer Hülse axial in den Reaktor eingelassen, um die Temperatur in der Katalysatorschüttung aufzunehmen. Die Temperaturdifferenz zwischen Reaktoraußenwand und Katalysatorschüttung lag in allen Fällen unter 2,5 °C.

Analytik

Der aus dem Reaktor austretende Gasstrom wurde auf Umgebungsdruck entspannt und mit dem für die Auswertung der Gaschromatogramme benötigten Standard Propan vermischt. Anhand eines Probenschleifenventils (Valco, dc6uwt) wurde dem Gaschromatographen (Agilent, 6890) eine Probe des Gases zugeführt. Dieser verfügte über eine Kapillarsäule mit polarem Eluat (Varian, VFwax 60 m · 320 μm · 1 μm), einen Wärmeleitfähigkeitsdetektor und einen Flammenionisationsdetektor. Zur Bestimmung der Eingangskonzentration konnte der Eduktgasstrom mit Hilfe von zwei 3-2-Wegeventilen in einem Bypass um den Reaktor der Analyse zugeführt werden.

Hinter der Analyseeinheit durchströmte der Produktgasstrom zwei Kühlfallen (KF_1 25 °C, KF_2 0 °C) zum Auskondensieren organischer Substanzen. Zur Vermeidung der unerwünschten Kondensation von Edukten und Produkten wurde die gesamte Anlage zwischen Verdampfer und Kühlfalle mit elektrischen Widerstandsheizungen auf 220 °C temperiert.

Sicherheitstechnik

Zur Gewährleitung eines sicheren Betriebes der Anlage wurden die mit Druck beaufschlagten Komponenten auf mindestens 50 bar bei 220 °C ausgelegt. Als Dichtungsmaterialien wurden im Mischventil Kalrez, in den 3-2-Wegeventilen PEEK, im Überströmventil Viton und im Druckregel- sowie Probeschleifenventil Graphit eingesetzt. Die übrigen Anlagenkomponenten waren aus Edelstahl (V2A) und waren somit ebenso wie die Dichtungsmaterialien beständig gegenüber den Edukten und Produkten. Die gesamte Anlage war umhaust und wurde abgesaugt, so dass im Falle einer Leckage die Anreicherung von Wasserstoff verhindert und die Explosionsgefahr minimiert wurde. Zusätzlich befand sich über der Versuchsanlage ein Wasserstoffsensor (Auer, Ex-Alarm ED 098), der mit einer Gaswarnanlage gekoppelt war. Sobald eine Wasserstoffkonzentration von 10 % der unteren Explosionsgrenze erreicht wurde, schloss ein Magnetventil die Wasserstoffzufuhr der Anlage. Die Wasserstoffzufuhr wurde auch unterbrochen, sobald der Anlagendruck 45 bar erreicht hatte. Ein Überströmventil, das im Druck beaufschlagten Bereich der Anlage verbaut war, verhinderte durch Öffnen einer zusätzlichen Abgasleitung einen Druckanstieg über 50 bar. Zur Vermeidung von Übertemperaturen im beheizten Bereich der Anlage wurde eine Heizungsabschaltung in der Steuerungssoftware implementiert. Darüber hinaus wurden die 3-2-Wegeventile, der Reaktor und die Druckregelventile mittels eines seperaten Heizungsreglers (Gossen, D4), der die Heizungsabschaltung aktivieren konnte, vor Übertemperaturen geschützt.

3.2.2 Versuchsdurchführung

Zur Durchführung der kinetischen Messungen wurde der in Kapitel 3.2.1 beschriebene Reaktor mit Katalysator gefüllt und in die Anlage eingebaut. Die Anlage wurde einem Dichtigkeitstest mit Helium bei 10 bar über dem späteren Versuchsdruck unterzogen.

Aktivierung

Das in den Extrudaten vorliegende Kupfer(II)-oxid wurde *in situ* zu elementarem Kupfer reduziert. Diesen Vorgang nennt man Aktivierung.

$$CuO_{(s)} + H_{2(g)} \rightarrow Cu_{(s)} + H_2O_{(g)} \tag{3.5}$$

Die Aktivierung fand bei Umgebungsdruck statt. Die Extrudate wurden mit Helium überströmt und auf 140 °C aufgeheizt. Nach 30 min Haltezeit wurden 3 Vol.-% Wasserstoff zudosiert und auf 240 °C aufgeheizt. Bei gleicher Temperatur wurde die Wasserstoffkonzentration schrittweise erhöht bis reiner Wasserstoff die Extrudate überströmte. Das exakte Reduktionsprogramm ist in Tabelle 3.2 aufgelistet. Nach abgeschlossener Reduktion wurde der Katalysator permanent mit Wasserstoff überströmt, um eine Reoxidation zu vermeiden. Zink- und Aluminiumoxid in den Extrudaten wurden unter diesen Bedingungen nicht reduziert.

Tabelle 3.2: Bedingungen für die *in situ* Reduktion der Extrudate.

| | $\dot{V}$ | c_{He} | c_{H_2} | $\Delta T \cdot t^{-1}$ | T | t_h |
	$cm^3 \cdot min^{-1}$	Vol.-%	Vol.-%	$K \cdot h^{-1}$	°C	h
1.	300	100	0	25	140	0,5
2.	300	97	3	20	240	0,5
3.	300	75	25	0	240	0,25
4.	300	50	50	0	240	0,25
5.	300	25	75	0	240	0,25
6.	300	0	100	0	240	1

Kinetische Messungen

Der Reaktor wurde auf die angestrebte Reaktionstemperatur gebracht und mit Reaktionsdruck beaufschlagt. Hierzu wurde der Volumenstrom an Wasserstoff mittels Massendurchflussregler eingestellt und das Absperrventil zwischen Bypass und Reaktor geöffnet, so dass gleichmäßig Druck aufgebaut werden konnte. Sobald die Druckregelung einen konstanten Arbeitsdruck einstellen konnte, wurde das Absperrventil geschlossen. Die Dosierung des flüssigen DMM und des Standard Propan wurde gestartet. Die Stoffmengenströme der Reaktanten wurden zunächst bei Reaktor-Bypass im Gaschromatograph ermittelt. Dieser zog automatisiert alle 30 min eine Probe. Entsprachen die analysierten Werte den beabsichtigten Konzentrationen und war der Verlauf von acht GC-Analysen stationär, wurde auf Reaktor-Durchfluss gewechselt. Die Reaktormessung dauerte etwa zehn Stunden, da das Erreichen eines stationären Zustandes je nach Volumenstrom mehrere Stunden benötigte. Zur Kontrolle der Flüssigdosierung und Verdampfung wurde die Eduktkonzentration nochmals auf Bypass-Stellung analysiert, bevor die Versuchsbedingungen des nächsten Versuches eingestellt wurden. In Tabelle 3.3 sind die angewendeten Betriebsbereiche zusammengefasst.

Tabelle 3.3: Übersicht der Versuchsbedingungen.

Reaktortemperatur	T_r	180 / 200 / 220 / 240	°C
Reaktionsdruck	p_r	10 / 12,5 / 25 / 40	bar
Katalysatormasse	m_{Kat}	0,5 – 15	g
H_2-Volumenstrom (NTP)	$\dot{V}_{H_2}$	200 – 1200	ml·min^{-1}
Propan-Volumenstrom (NTP)	$\dot{V}_{Propan}$	1,725	ml·min^{-1}
Eduktmassenstrom		0,2 – 10	g·h^{-1}
molares Verhältnis H_2/DMM		50 / 100 / 150 / 250	-
modifizierte Verweilzeit	τ_{mod}	0,8 – 92,8	s·g·cm^{-3}

3.2.3 Auswertung der Versuche

Mit Hilfe integraler Größen wurde die chemische Umsetzung im betrachteten, offenen Reakti-
onssystem beschrieben. Diese erhielt man im stationären Zustand anhand einer Stoffbilanz für
den Bilanzraum des Rohrreaktors (s. Abbildung 3.7).

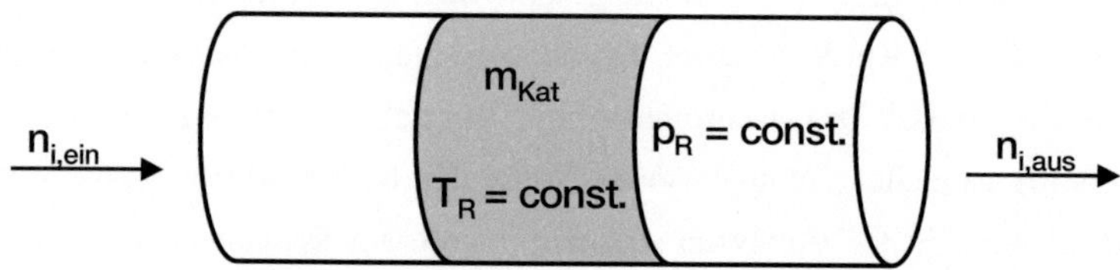

Abbildung 3.7: Bilanzraum des Reaktors.

Der Stoffmengenstrom der Komponente i berechnete sich aus dem Verhältnis der Chromatogrammfläche der Komponente i zur Chromatogrammfläche des Standard Propan mutlipliziert
mit dem kalibrierten Stoffmengenstrom des Standard Propan und dividiert durch den Korrekturfaktor der Komponente i zu Propan, der die Empfindlichkeit des Detektors des Stoffes i zum
Standard Propan berichtigt (s. Kapitel A.1.2).

$$\dot{n}_i = \frac{\dot{n}_{Propan}}{f_{i,Propan}} \cdot \frac{F_i}{F_{Propan}} \tag{3.6}$$

Der Stoffmengenanteil x_i diente als relatives Konzentrationsmaß, wobei der im Überschuss
vorliegende Wasserstoff nicht berücksichtigt wird.

$$x_i = \frac{\dot{n}_i}{\Sigma \dot{n}_i} \tag{3.7}$$

Die sogenannte Kohlenstoffbilanz wurde als Verhältnis der austretenden Stoffströme zum ein-
tretenden Stoffstrom unter Berücksichtigung der jeweiligen Anzahl der Kohlenstoffatome gebildet. Bei allen Versuchen wurde eine erfüllte Kohlenstoffbilanz von $Y_c = 1 \pm 3\%$ angestrebt. Eine
Abweichung war ein Indiz für Kondensation der Edukte oder Produkte oder eine unzureichende
Funktionstüchtigkeit einzelner Anlagenkomponenten.

$$Y_c = \frac{\Sigma \dot{n}_{i,aus} \cdot \varepsilon_i}{\dot{n}_{i,ein} \cdot \varepsilon_i} \tag{3.8}$$

DMM war durch den Herstellungsprozess mit etwa 4 % seines trans-Isomeren Dimethylfumarat
verunreinigt. Die Hydrierung der Doppelbindung zu DMS verlief so schnell, dass dies teilweise
schon im Bypass passierte und war bei allen Reaktormessungen vollständig. Deswegen wurden

die Stoffmengen der Ester (DMM, DMS, DMF) addiert und als Maß der katalytischen Aktvität wird der Umsatz auf die Abreaktion der Ester zu den Folgeprodukten bezogen.

$$X_{Ester} = \frac{\Sigma n_{Ester,ein} - n_{DMS,aus}}{\Sigma n_{Ester,ein}} \tag{3.9}$$

Bei der idealisierten vollständigen Reaktion entstehen bis zu 50 % m/m MeOH und 25 % m/m Wasser, wobei das MeOH im technischen Prozess zur Veresterung von MSA erneut verwendet werden würde, betrachtet man nur die Hauptprodukte GBL, BDO und THF. Hierzu berechnet man eine auf die C_4-Fraktion bezogene Reaktorselektivität unter Vernachlässigung von MeOH und Wasser, aber auch weil keine der C_1-C_3 Degraditionsprodukte in nennenswerten Mengen nachweisbar sind.

$$^R S_{i,Ester} = \frac{n_{i,aus}}{\Sigma n_{Ester,ein} - n_{DMS,aus}} \tag{3.10}$$

Die Kornselektivität $^K S$ ist als Grenzwert der Reaktorselektivität bei Annäherung an $X_{Ester} = 0$ definiert, vgl. Riekert (1985).

$$^K S = \lim_{X \to 0} {}^R S_{i,Ester} \tag{3.11}$$

Die modifizierte Verweilzeit ist die Kontaktzeit zwischen Reaktionsgemisch und Katalysator. Sie ist als Quotient der Katalysatormasse und des Volumenstroms bei Reaktionsbedingungen definiert. Aufgrund des großen Überschusses an Wasserstoff wurde der Volumenstrom als konstant angesehen. (Selbst beim H_2/DMM-Verhältnis von 50, also 50 mol H_2 und einem mol DMM, verbleiben nach der Reaktion 49 mol Stoffgemisch; vgl. Abbildung 1.1).

$$\tau_{mod} = \frac{m_{Kat}}{\dot{V}_R} \tag{3.12}$$

Die Raum-Zeit Ausbeute ist als Quotient des Massenstroms Tetrahydrofuran und der Masse an Katalysator festgelegt. Sie ist die Maßzahl der spezifischen Produktleistung eines Reaktionsgefäßes (genauer: der Inhaltsmasse).

$$RZA = \frac{\dot{n}_{THF} \cdot \tilde{M}_{THF}}{m_{Katalysator}} \tag{3.13}$$

Die massenbezogene Raumgeschwindigkeit WHSV (weight hourly space velocity) ist als Verhältnis von Eduktmassenstrom zur Katalysatormasse definiert und ist eine Maßzahl für die Katalysatorbelastung.

$$WHSV = \frac{\dot{n}_{Ester} \cdot \tilde{M}_{Ester}}{m_{Katalysator}} \tag{3.14}$$

Für die Auswertung der einzelnen reaktionstechnischen Größen wurde in allen Fällen das arithmetische Mittel aus mindenstens vier GC-Analysen benutzt.

4 Reaktionstechnische Messungen

4.1 Überblick

In diesem Kapitel werden die Einflüsse der Temperatur, des Druckes, des H_2/Ester-Verhältnisses sowie der Wasserstoff-Konzentration auf den Ester-Umsatz und auf die Reaktorselektivitäten zu THF und GBL bei der Gasphasenumsetzung von DMM zu THF dargestellt. In der vorliegenden Arbeit wurden diese Einflussgrößen erstmals in ausführlicher Form untersucht. Dabei sind die Ansprüche an den Katalysator sehr hoch. Da jede Messung unter Berücksichtigung von Ausfallzeiten im Mittel zwei Tage dauert, darf der Katalysator während mehrerer Monate nicht merklich deaktivieren.

Die reaktionstechnischen Messungen wurden ausschließlich an dem Cu/ZnO/γ-Al_2O_3-Katalysator mit einem Massenverhältnis $b = 0,5$, dessen keramische Paste 10 min gemischt wurde, durchgeführt. Die physikalisch-chemischen Eigenschaften des Katalysators sind dem Kapitel 8 zu entnehmen.

Die Ergebnisse werden mit Hilfe des Ester-Umsatzes und den Selektivitäten zu GBL und THF dargestellt und diskutiert. Bei allen Messungen war die Selektivität zu BDO kleiner 1 % und wird deshalb nicht berücksichtigt. Dieser Befund kann durch die Dehydratisierung von BDO am bifunktionellen Katalysator erklärt werden, vgl. Müller et al. (2003). Durch diesen wesentlichen Einfluss der sauren Komponente können die Ergebnisse nur mit großen Einschränkungen mit den Arbeiten von Schlander (2000) und Ohlinger (2005) verglichen werden.

Die Messungen zeigen, dass drei Konzentrationsmaße, die Wasserstoff-Konzentration, die Ester-Konzentration und das Wasserstoff/Ester-Verhältnis, wesentliche Einflussgrößen sind. In unterschiedlichen Versuchen gelingt es nur jeweils ein Konzentrationsmaß konstant zu halten.

Die Resultate dienen als Grundlage für die formalkinetische Beschreibung der Gasphasenumsetzung mithilfe des in Kapitel 5.3 vorgestellten mathematischen Modells. Des Weiteren werden die Ergebnisse genutzt, um Optionen zur Steigerung der Raum-Zeit-Ausbeute an THF in Kapitel 6 zu diskutieren.

4.2 Einfluss der Temperatur

In diesem Abschnitt wird der Einfluss der Temperatur auf den Ester-Umsatz und die Reaktorselektivität beschrieben. Hierzu werden exemplarisch Messungen bei den Temperaturen 180, 200,
220 und 240 °C, einem konstanten Druck von 25 bar sowie einem H_2/Ester-Verhältnis von 100
betrachtet.

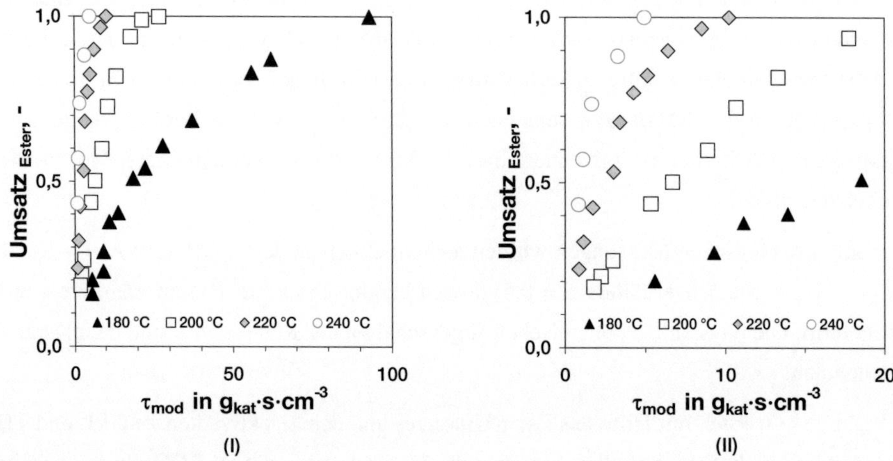

Abbildung 4.1: Einfluss der Reaktionstemperatur auf den Ester-Umsatz in Abhängigkeit der
modifizierten Verweilzeit bei 25 bar und einem H_2/Ester-Verhältnis von 100,
(I) gesamter untersuchter Bereich der modifizierten Verweilzeit, (II) Ausschnitt
von $0 - 20$ $g_{Kat}\cdot s\cdot cm^{-3}$.

In Abbildung 4.1 sind die Ester-Umsätze in Abhängigkeit der modifizierten Verweilzeit dargestellt. Die Ester-Umsetzung nimmt erwartungsgemäß mit steigender Temperatur zu.

In Abbildung 4.2 sind die Selektivitäten zu GBL und THF als Funktion des Ester-Umsatzes aufgetragen. Mit zunehmender Temperatur steigt im Umsatzbereich von $20 - 95$ % die Selektivität
zu Tetrahydrofuran an während die Selektivität zu GBL abnimmt.

Unabhängig vom Temperatureinfluss zeigen die Selektivitätsverläufe zu GBL und THF den
charakteristischen Verlauf einer Folgereaktion. Bei niedrigem Umsatz resultiert eine hohe Selektivität zu GBL, die mit zunehmendem Umsatz abnimmt bis schließlich bei Vollumsatz die
Selektivität zu GBL 0 % beträgt. Der Selektivitätsverlauf zu THF ist genau umgekehrt. Bei
der Gasphasenumsetzung von DMM zu THF wird bei Vollumsatz eine THF-Selektivität von
nahezu 100 % erreicht wird. Dadurch kann beinahe die vollständige THF-Ausbeute bezogen
auf die Eduktstoffmenge erzielt werden, was diesen Gasphasenprozess mit dem eingesetzten
Cu/ZnO/γ-Al_2O_3-Katalysator so interessant macht.

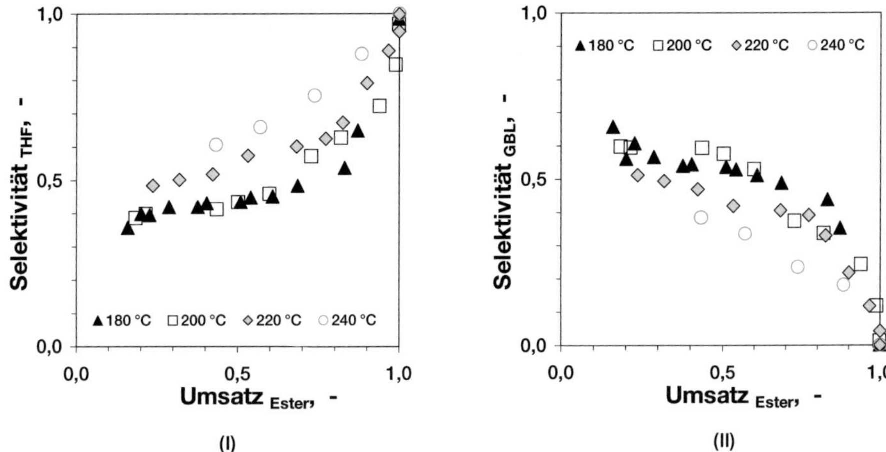

Abbildung 4.2: Einfluss der Reaktionstemperatur auf die Reaktorselektivität zu THF (I) und GBL (II) bezogen auf die C_4-Fraktion in Abhängigkeit des Ester-Umsatzes bei 25 bar und einem H_2/Ester-Verhältnis von 100.

4.3 Einfluss des Druckes

Die Umsatz-Verweilzeit-Kurven in Abbildung 4.3 zeigen den Einfluss des Gesamtdruckes. Im Rahmen der Messgenauigkeit ist keine signifikante Druckabhängigkeit zu erkennen.

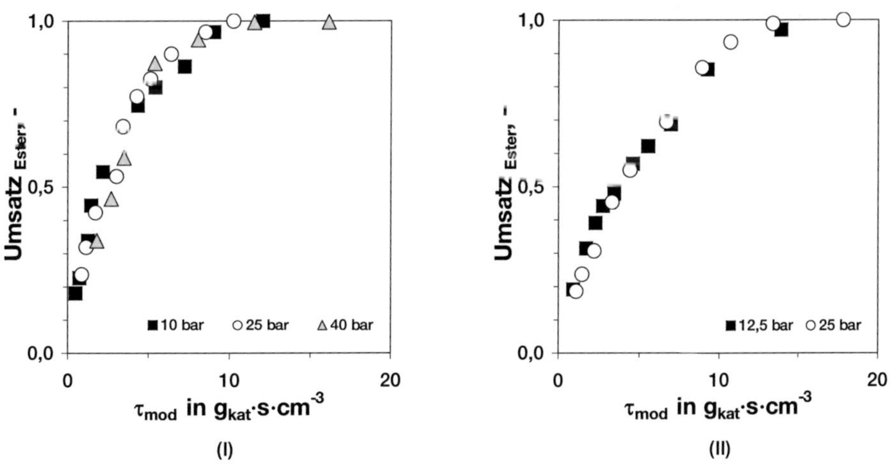

Abbildung 4.3: Einfluss des Reaktionsdruckes auf den Ester-Umsatz in Abhängigkeit der modifizierten Verweilzeit bei 220 °C und einem H_2/Ester-Verhältnis von 100 (I) sowie bei 200 °C und einem H_2/Ester-Verhältnis von 150 (II).

Mit zunehmendem Druck erhöhen sich die Konzentrationen von H_2 und von Ester während das H_2/Ester-Verhältnis gleich bleibt. Die Messwerte in Abbildung 4.3 zeigen eindeutig, dass die Umsatz-Verweilzeit-Kurve unabhängig von der Anfangskonzentration an Ester konstant bleibt. Dies ist charakteristisch für eine Reaktion 1. Ordnung bezüglich der Esterkonzentration. Durch den hohen Wasserstoffüberschuss ist der Wasserstoff-Umsatz vernachlässigbar. Eine entsprechende Aussage kann deshalb aus den Messwerten nicht abgeleitet werden.

In Abbildung 4.4 sind die Reaktorselektivitäten zu THF (I) und GBL (II) als Funktion des Umsatzes aufgetragen. Die Reaktorselektivitäten zeigen keinen eindeutigen Einfluss der Konzentrationsänderung. Allerdings wird unabhängig vom Gesamtdruck bei vollständigem Ester-Umsatz eine Reaktorselektivität zu THF von 100 % erreicht.

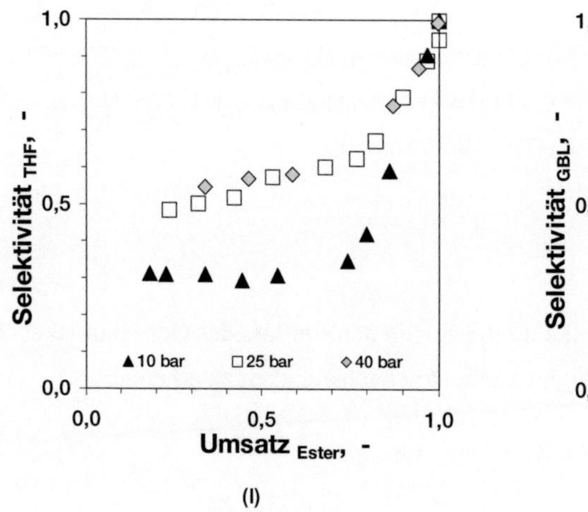

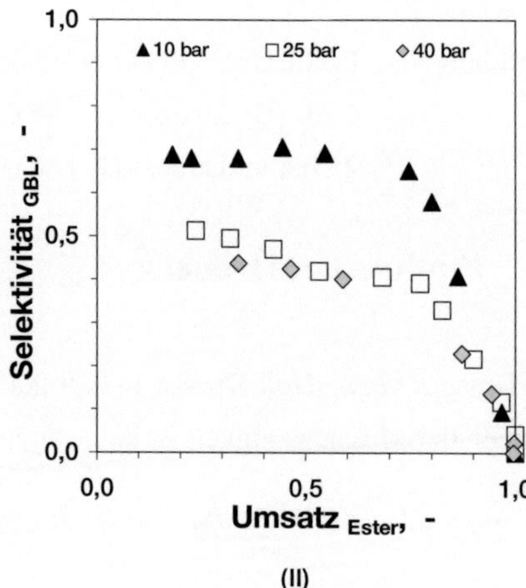

Abbildung 4.4: Einfluss des Reaktionsdruckes auf die Reaktorselektivität zu THF (I) und GBL (II) bezogen auf die C_4-Fraktion in Abhängigkeit des Ester-Umsatzes bei 220 °C und einem H_2/Ester-Verhältnis von 100.

4.4 Einfluss des Wasserstoff/Ester-Verhältnisses

Zur Untersuchung des Einflusses des H_2/Ester-Verhältnisses werden die Messungen bei einem konstanten Gesamtdruck von 25 bar durchgeführt. Wegen des hohen Wasserstoffüberschusses bedeutet dies, dass die Wasserstoffkonzentration praktisch konstant bleibt, die Eingangskonzentration an Ester aber mit abnehmendem H_2/Ester-Verhältnis ansteigt.

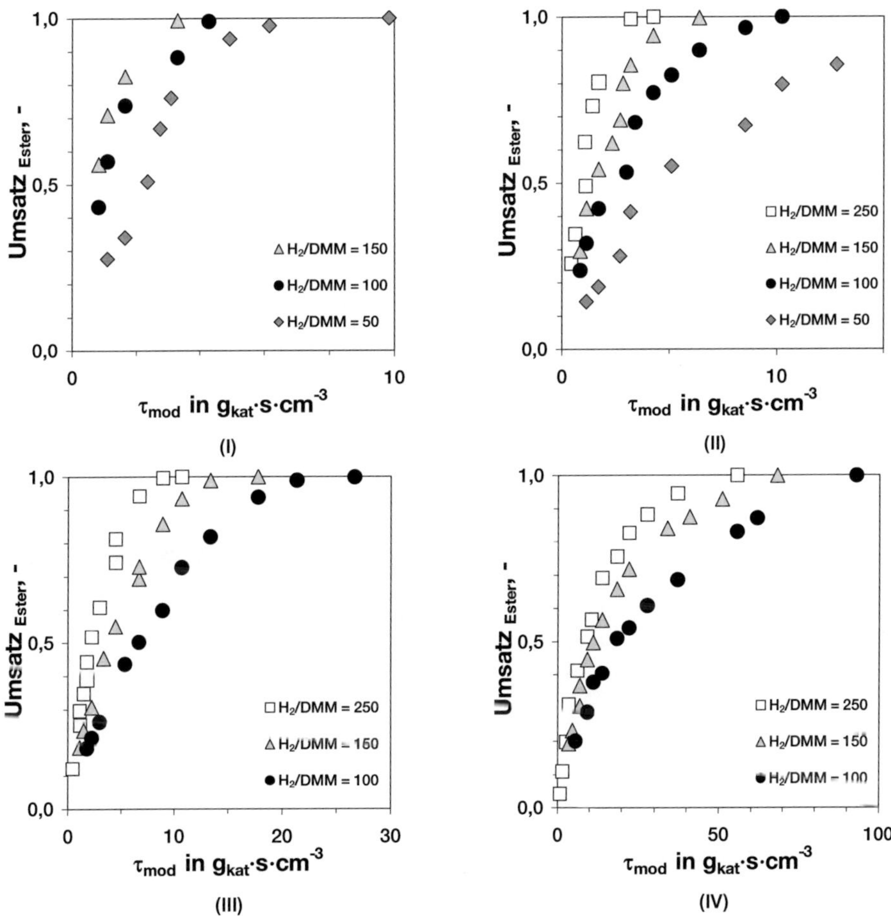

Abbildung 4.5: Einfluss des H_2/Ester-Verhältnisses auf den Ester-Umsatz in Abhängigkeit der modifizierten Verweilzeit bei 25 bar und einer Reaktionstemperatur von 240 °C (I), 220 °C (II), 200 °C (III) und von 180 (IV).

In Abbildung 4.5 sind die Ergebnisse für den Ester-Umsatz bei vier verschiedenen Temperaturen dargestellt. In allen Fällen nimmt der Ester-Umsatz bei Reduzierung des H_2/Ester-Verhältnisses, d.h. bei Zunahme der Esterkonzentration, bei identischen Verweilzeiten ab. Dies steht scheinbar in Widerspruch zur Feststellung in Kapitel 4.3, dass die Reaktion 1. Ordnung bezüglich der Ester-Konzentration sei. Dieser Widerspruch kann erst nachfolgend mithilfe der in Kapitel 4.5 beschriebenen Messungen aufgelöst werden.

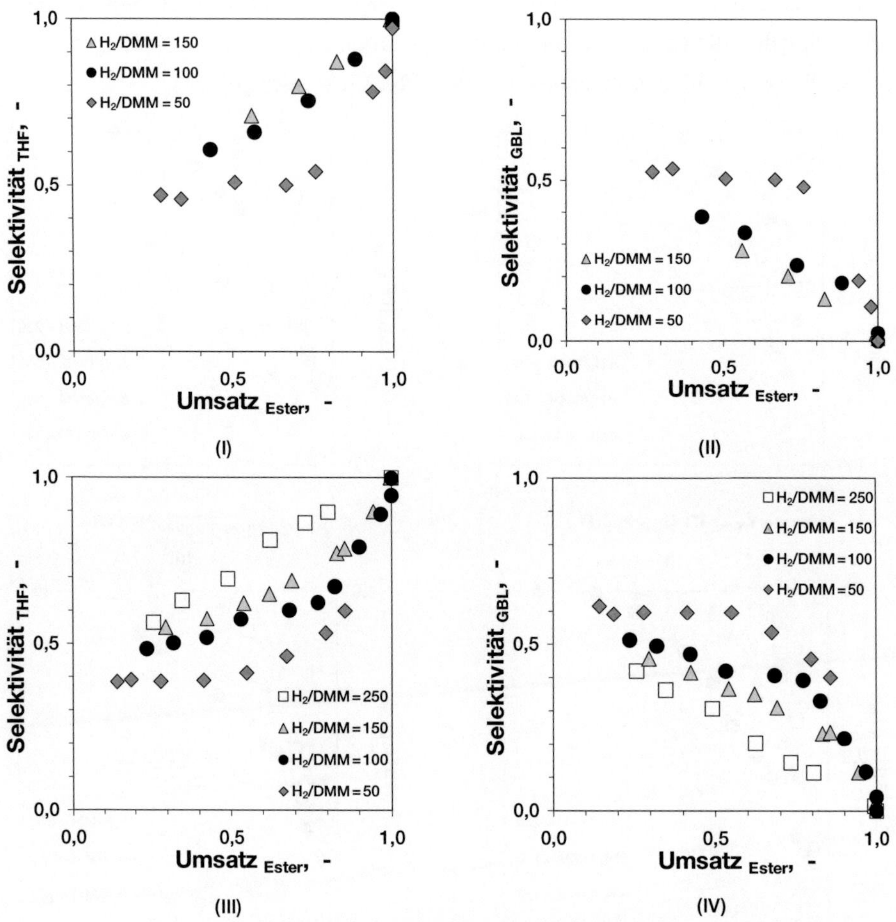

Abbildung 4.6: Einfluss des H_2/Ester-Verhältnisses auf die Reaktorselektivität zu THF (I, III) und GBL (II, IV) bezogen auf die C_4-Fraktion in Abhängigkeit des Ester-Umsatzes bei 25 bar und bei 240 °C (I, II) sowie bei 220 °C (III, IV).

In den Abbildungen 4.6 und 4.7 sind die Reaktorselektivitäten zu THF und GBL als Funktion des Umsatzes für verschiedene H_2/Ester-Verhältnisse aufgetragen. Bei den hohen Temperaturen (Abbildung 4.6) ist deutlich erkennbar, dass die Selektivitäten zu THF mit sinkendem H_2/Ester-Verhältnis abnimmt, während bei 200 °C und 180 °C (Abbildung 4.7) kein signifikanter Einfluss festgestellt werden kann. In allen Fällen wird bei vollständigem Ester-Umsatz nur noch THF erhalten.

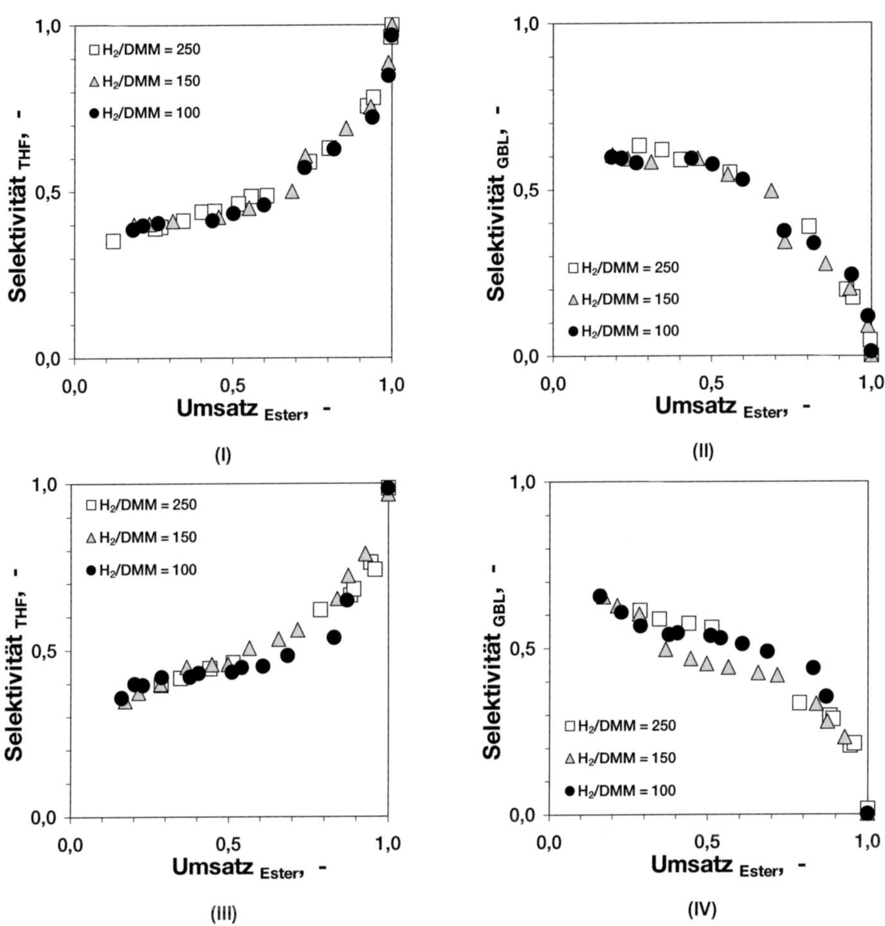

Abbildung 4.7: Einfluss des H$_2$/Ester-Verhältnisses auf die Reaktorselektivität zu THF (I, III) und GBL (II, IV) bezogen auf die C$_4$-Fraktion in Abhängigkeit des Ester-Umsatzes bei 25 bar und bei 200 °C (I, II) sowie 180 °C (III, IV).

4.5   Einfluss der Wasserstoff-Konzentration

Bei den im Folgenden zu besprechenden Messungen wird zunächst bei einem bestimmten Ge-samtdruck das H_2/Ester-Verhältnis eingestellt und damit die Ester-Konzentration festgelegt. Anschließend wird bei konstantem Wert des Gesamtdruckes ein Teil des Wasserstoffs durch Helium ersetzt. Damit werden Messungen möglich, die bei konstanter Ester-Konzentration den Reaktionsablauf bei verschiedenen Wasserstoff-Konzentrationen verfolgen.

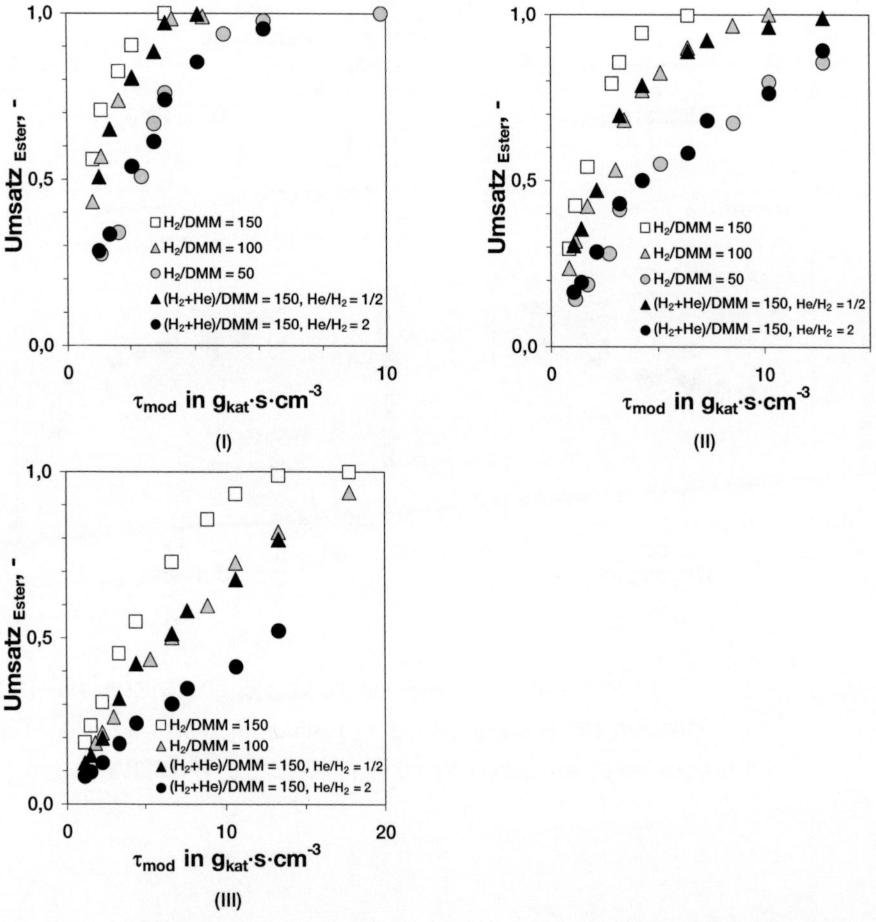

Abbildung 4.8:   Einfluss der H_2-Konzentration auf den Ester-Umsatz in Abhängigkeit der mo-difizierten Verweilzeit bei 25 bar und einer Reaktionstemperatur von 240 °C (I), 220 °C (II) und 200 °C (III); zum Vergleich Ergebnisse ohne Inertgasdosierung.

In Abbildung 4.8 sind die Ester-Umsätze bei einem Gesamtdruck von 25 bar für drei verschiedene Temperaturen jeweils gegen die modifizierte Verweilzeit aufgetragen. Man sieht zunächst, dass bei konstanter Ester-Konzentration (nicht ausgefüllte Quadrate, schwarz ausgefüllte Dreiecke und Kreise in Abbildung 4.8) mit sinkendem Wasserstoffanteil, das heißt geringerer Wasserstoff-Konzentration und niedrigerem H_2/Ester-Verhältnis, die Ester-Umsätze abnehmen. Dies deutet auf eine positive, von null verschiedene Reaktionsordnung bezüglich Wasserstoff hin.

Nun zeigt Abbildung 4.8 die gleiche Abhängigkeit vom H_2/Ester-Verhältnis wie Abbildung 4.5. Dort wird allerdings das geringere Verhältnis bei konstanter Wasserstoff-Konzentration ohne Erhöhung der Ester-Konzentration erreicht.

Diese Ergebnisse lassen sich übereinstimmend deuten, wenn man annimmt, dass das H_2/Ester-Verhältnis die wesentliche Einflussgröße darstellt. Dies wird bestätigt durch die Beobachtung, dass unabhängig vom Wert der Wasserstoff- und Ester-Konzentration bei gleichem H_2/Ester-Verhältnis gleiche Ester-Umsätze erreicht werden (Vergleich der grau und schwarz ausgefüllten Dreiecke und Kreise in Abbildung 4.8). Dies ist konsistent mit den in Abbildung 4.3 aufgetragenen Werten. Damit bleibt die Annahme einer Reaktion 1.Ordnung bezüglich der Ester-Konzentration bei der Gasphasenumsetzung von DMM zu THF gültig.

Die in Abbildung 4.8 gezeigten Messwerte erlauben zusätzlich eine Aussage zur Stabilität des Katalysators unter den Reaktionsbedingungen, die in der vorliegenden Arbeit untersucht wurden. Die übereinstimmenden Werte (grau und schwarz ausgefüllte Dreiecke und Kreise) stammen aus Messreihen, die Monate auseinanderliegen. Damit kann eine Veränderung des Katalysators während dieser Zeitspanne mit Sicherheit ausgeschlossen werden.

Zur Vervollständigung der Darstellung der Messungen sind in Abbildung 4.9 die Selektivitäten zu THF und GBL als Funktion des Ester-Umsatzes aufgetragen, für die in Abbildung 4.8 gezeigten Messreihen. Die Selektivitätsverläufe zu GBL und THF der grau und schwarz ausgefüllten Dreiecke und Kreise unterscheiden sich deutlich. Die Ergebnisse erlauben keine zusätzlichen Aussagen zum Reaktionsgeschehen, was bei der Komplexität des Reaktionsnetzes (vgl. Abbildung 5.1) nicht verwunderlich ist.

In Anhang A.3.1.1 sind weiterführende Messungen zu dem in diesem Unterkapitel beschriebenen Sachverhalt aufgeführt. Die dabei gezeigten Ergebnisse stimmen mit den hier getroffenen Schlussfolgerungen überein.

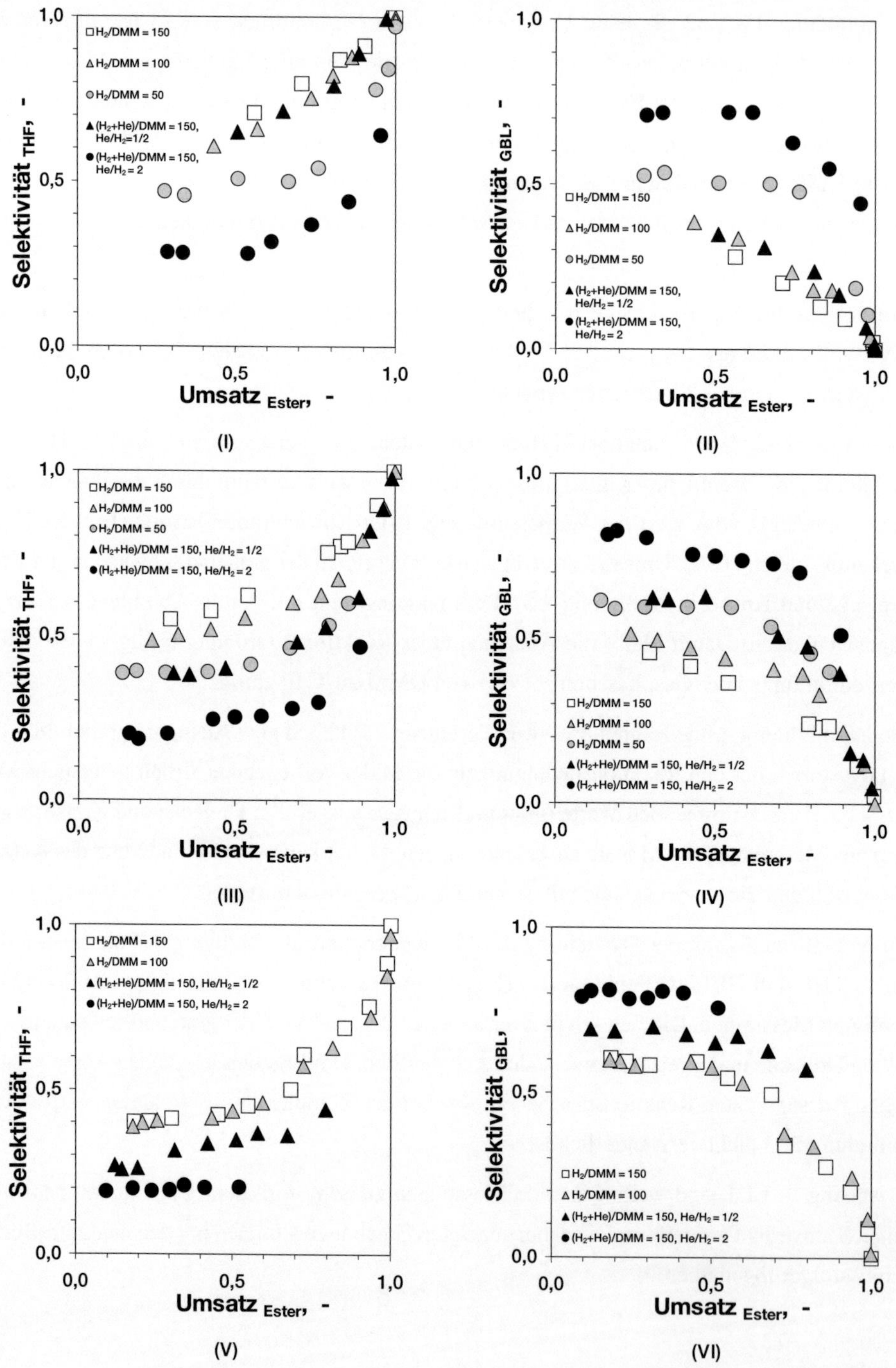

Abbildung 4.9: Einfluss der H_2-Konzentration auf die Reaktorselektivität zu THF (I, III, V) und GBL (II, IV, VI) bezogen auf die C_4-Fraktion in Abhängigkeit des Ester-Umsatzes bei 25 bar und bei 240 °C (I, II) sowie bei 220 °C (III, IV) und bei 200 °C (V, VI); zum Vergleich Ergebnisse ohne Inertgasdosierung.

5 Modellierung der Reaktionskinetik

5.1 Überblick

In diesem Kapitel wird ein formalkinetisches Modell vorgestellt, das die Konzentrationsverläufe der Gasphasenumsetzung von DMM zu THF quantitativ und qualitativ beschreibt. Dieses Modell wurde so einfach wie möglich gehalten. Hierbei wurden nur die Reaktionsspezies berücksichtigt, die experimentell nachgewiesen werden konnten und aus geschwindigkeitsbestimmenden Reaktionsschritten resultieren. Es sollte kein Mechanismus aufgeklärt werden und es kommen keine hypothetischen Intermediäre in dem Modell vor.

Im Folgenden wird das zugrunde liegende Reaktionsnetz aus den reaktionstechnischen Ergebnisse in Kapitel 4 abgeleitet. Des Weiteren wird die methodische Vorgehensweise der Parameteranpassung beschrieben. Abschließend wird die Güte der Anpassung mit Konfidenzintervallen und Paritätsdiagrammen eingeschätzt.

5.2 Ableitung des Reaktionsnetzes

DMM ist ab einem Ester-Umsatz von etwa 5 % vollständig zu DMS umgesetzt ist. Aus den reaktionstechnischen Untersuchungen konnten keine Informationen über die Isomerisierung von DMM zu DMF gewonnen werden. Deswegen wird in dem hier vorgestellten Reaktionsnetz in Abbildung 5.1 von DMS als Edukt ausgegangen.

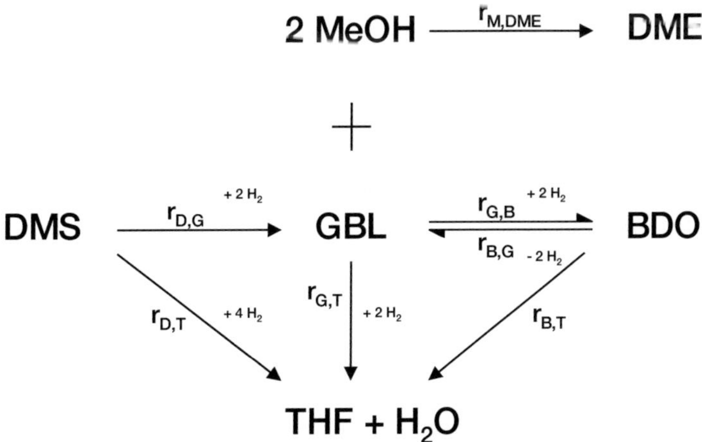

Abbildung 5.1: Reaktionsnetzwerk für die Gasphasenumsetzung von DMS zu THF.

Aus der Auftragung der Reaktorselektivität als Funktion des Ester-Umsatzes kann man Rückschlüsse auf das Reaktionsnetz ziehen. Die Produkte, die einen Wert ungleich null für die Kornselektivität $^K S$ aufweisen, werden direkt aus DMS gebildet.

Zum einen ergibt sich aus Abbildung 4.2 für GBL eine Kornselektivität die kleiner eins und für THF eine Kornselektivität die größer null ist. Deutlicher als in Abbildung 4.2 ist in Abbildung 4.4 zu sehen, dass die Extrapolation der Selektivitätswerte gegen einen Ester-Umsatz von 0 % endliche Werte ergibt, die erwähnten Kornselektivitäten sind für THF und GBL deutlich von null verschieden. Das widerspricht der Annahme einer Folgereaktion, wie sie in Abbildung 2.25 dargestellt ist. Es ist vielmehr ein Indiz für eine Parallelreaktion, in der DMS direkt zu THF reagiert. Dagegen ist unwahrscheinlich, dass die zweifache Hydrierung sowie die anschließende Dehydratisierung in einem gemeinsamen Reaktionsschritt von DMS zu THF ablaufen. Wahrscheinlich ist vielmehr der Einfluss der Porendiffusion dafür verantwortlich, dem nach Riekert (1985) ein Zwischenprodukt in porösen Katalysatoren unterliegen kann. So reagiert DMS zu GBL und bevor dieses das Porensystem verlassen kann, folgen die weiteren Reaktionsschritte zu THF. So ergibt sich bei Betrachtung des Gesamtsystems eine scheinbare Kornselektivität zu THF. Deshalb wird für die formalkinetische Beschreibung ein direkter Reaktionspfad von DMS zu THF berücksichtigt.

GBL reagiert zu THF und steht mit BDO im Gleichgewicht. Aufgrund der Tatsache, dass BDO zu THF dehydratisiert und BDO nur in wenigen Versuchen nachgewiesen werden konnte (vgl. Anhang A.3.1.4), könnte man annehmen, dass auf das Gleichgewicht mit BDO verzichtet werden kann. Die Anpassung der kinetischen Parameter ohne Berücksichtigung des Gleichgewichtes zwischen GBL und BDO sowie dem Direktpfad zwischen GBL und THF war nicht möglich. In diesem Zusammenhang wurden die einfache Folgereaktion, wie die von DMS zu GBL weiter zu THF, oder das Dreiecksschama von DMS zu GBL und THF inklusive GBL zu THF versucht anzupassen. All diese Anpassungsversuche blieben erfolglos. Allein das Reaktionsnetz in Abbildung 5.1 ermöglichte eine Anpassung, worauf die Berücksichtigung der genannten Reaktionspfade beruht.

Bei der Reaktion von DMS zu GBL entsteht das Koppelprodukt MeOH. Nach Freiding (2009) steht MeOH mit Dimethylether (DME) an γ-Al$_2$O$_3$ im Gleichgewicht. Bei den in dieser Arbeit untersuchten Reaktionstemperaturen liegt das Gleichgewicht deutlich auf der MeOH-Seite. Bei 240 °C können bis zu 3 % DME aus MeOH entstehen, weshalb diese Reaktion in der Modellierung nicht vernachlässigt werden sollte. Als Vereinfachung wurde anstatt einer Gleichgewichtsreaktion eine einfache Folgereaktion gewählt, da eine Anpassung der Gleichgewichtsreaktion auf Grundlage der vorhanden Messdaten nicht sinnvoll erschien.

Bei allen reaktionstechnischen Untersuchungen wurde kein CO_2 detektiert. Im Gegensatz zu Schlander (2000) und Ohlinger (2005) wird im hier vorgestellten Reaktionsnetz die Bildung von CO_2 aus MeOH und Wasser nicht berücksichtigt.

Sofern ein Reaktant in einem großen Überschuss vorliegt und das Reaktionsgeschehen nicht beeinflusst, wird eine Teilordnung von null angenommen. Aufgrund der Ergebnisse aus Kapitel 4.5 kann die Wasserstoff-Konzentration beim Aufstellen der Potenzansätze für die Reaktionsgeschwindigkeit nicht vernachlässigt werden. Das Wasserstoff/Ester-Verhältnis hat maßgeblich Einfluss auf die Ester-Umsetzung. Die in der vorliegenden Arbeit vorgestellte Modellierung ist die einzige zu diesem Zeitpunkt bekannte, die die Wasserstoff-Konzentration nicht vernachlässigt.

Vorteilhaft ist für die hier vorgestellten Anpassung, dass keine Deaktivierung des Katalysators berücksicht werden muss. Weder tritt ein Verlust der Kupferoberfläche auf, wie er von Turek et al. (1994) sowie von Ohlinger (2005) berichtet wurde, noch muss die Polymerisation von DMS und BDO beachtet werden, wie sie bei Schlander (2000) vorkam.

5.3   Methodisches Vorgehen

Die Stoffbilanz für eine Komponente i eines differentiellen Volumenelementes in einem isothermen Propfstromreaktor ist Gleichung 5.1 zu entnehmen.

$$\frac{\partial c_i}{\partial t} = -\operatorname{div}(c_i \cdot \vec{u}_o) + \operatorname{div}(D_{i,eff} \cdot \operatorname{grad} c_i) + \sum_j v_{i,j} \cdot r_{V,j} \qquad (5.1)$$

mit $\vec{u}_0$ Geschwindigkeitsvektor für das Leerrohr in $m \cdot s^{-1}$

D_{eff} effektiver Diffusionskoeffizient in $m^2 \cdot s^{-1}$

$v_{i,j}$ stöchiometrischer Koeffizient der Komponente i in der Reaktion j

c_i Konzentration der Komponente i in $mol \cdot cm^{-3}$

t   Zeit in s

$r_{V,j}$ volumenbezogene Reaktionsgeschwindigkeit in $mol \cdot L^{-1} \cdot s^{-1}$

Die in Anhang A.2 aufgeführten Abschätzungen zeigen, dass man den experimentellen Reaktor als stationären, idealen Propfstromreaktor bilanzieren kann. Hierdurch vereinfacht sich die Stoffbilanz unter Verwendung der massenbezogenen Reaktionsgeschwindigkeit $r_{m,j}$ zu:

$$\frac{dc_i}{d\tau_{mod}} = \sum_j v_{i,j} \cdot r_{m,j} \tag{5.2}$$

mit $r_{m,j}$ massenbezogene Reaktionsgeschwindigkeit in mol·g^{-1}·s^{-1}

  τ_{mod} modifizierte Verweilzeit in g$_{Kat}$·s·cm^{-3}

Die Reaktionsgeschwindigkeit $r_{m,j}$ aus Gleichung 5.2 ergibt sich unter Bezug auf die Katalysatormasse zu:

$$r_{m,j} = \frac{1}{m_{kat} \cdot v_{i,j}} \frac{dn_i}{dt} \tag{5.3}$$

mit m_{Kat} Katalysatormasse in g

  n_i Stoffmenge der Komponente i in mol

Tabelle 5.1: Stöchiometrische Koeffizienten $v_{i,j}$ für das in Abbildung 5.1 vorgestellte Reaktionsnetz.

Reaktionen j	Substanzen i							
	DMS	GBL	BDO	THF	MeOH	H_2O	DME	H_2
$r_{D,G}$	-1	1	0	0	2	0	0	-2
$r_{G,B}$	0	-1	1	0	0	0	0	-2
$r_{B,G}$	0	1	-1	0	0	0	0	2
$r_{B,T}$	0	0	-1	1	0	1	0	0
$r_{G,T}$	0	-1	0	1	2	1	0	0
$r_{D,T}$	0	0	0	1	2	1	0	-4
$r_{M,DME}$	0	0	0	0	-2	1	1	0

Unter Bezug auf das in Abbildung 5.1 vorgestellte Reaktionsnetz und anhand der Kopplung der stöchiometrischen Koeffizienten aus Tabelle 5.1 mit der Gleichung 5.3 lässt sich das folgende Differentialgleichungssystem ableiten:

$$r_{D,G} = k_{D,G} \cdot C_{DMS}^{l_{D,G}} \cdot C_{H_2}^{\kappa_{D,G}} \tag{5.4}$$

$$r_{G,B} = k_{G,B} \cdot C_{GBL}^{l_{G,B}} \cdot C_{H_2}^{\kappa_{G,B}} \tag{5.5}$$

$$r_{B,G} = k_{B,G} \cdot C_{BDO}^{l_{B,G}} \cdot C_{H_2}^{\kappa_{B,G}} \tag{5.6}$$

$$r_{B,T} = k_{B,T} \cdot C_{BDO}^{l_{B,T}} \tag{5.7}$$

$$r_{G,T} = k_{G,T} \cdot C_{GBL}^{l_{G,T}} \cdot C_{H_2}^{\kappa_{G,T}} \tag{5.8}$$

$$r_{D,T} = k_{D,T} \cdot C_{DMS}^{l_{D,T}} \cdot C_{H_2}^{\kappa_{D,T}} \tag{5.9}$$

$$r_{M,DME} = k_{M,DME} \cdot C_{MeOH}^{l_{M,DME}} \tag{5.10}$$

Dabei sind die Geschwindigkeitskoeffizienten $k_{G,B}$ und $k_{B,G}$ über die von Schlander (2000) bestimmte Gleichgewichtskonstante verknüpft.

$$k_{B,G} = exp(-23 + \frac{7827}{T_R}) \cdot k_{G,B} \tag{5.11}$$

Die Anpassung der reaktionstechnischen Parameter wurde mit MATLAB® (MATLAB 7.10.0 (R2010a), The Mathworks Inc.) durchgeführt. Dazu wurde ein Programm von Thömmes et al. (2008) für die Modellierung der Gasphasenumsetzung von DMM zu THF weiterentwickelt. Eine schematische Darstellung des Programmablaufs ist in Abbildung 5.2 dargestellt. Die Lösung des Differentialgleichungssystems erfolgt mit der MATLAB-Funktion ode45, die nach Stein (2009) auf einem expliziten Runge-Kutta-Verfahren basiert. Anschließend werden mit den angepassten Parametern die Konzentrationsverläufe der jeweiligen Substanz simuliert und der absolute Fehler aus der Differenz der gemessenen und simulierten Konzentrationen berechnet. Dabei wird der absolute Fehler mit einer Gewichtung multipliziert, um eine Anpassung aller Substanzen mit gleicher Güte zu erreichen.

$$e_{gewi,j} = (c_{i,ber} - c_{i,gem}) \cdot Gewichtung \tag{5.12}$$

mit $c_{i,ber}$ berechnete Konzentration in mol·cm^{-3}

       $c_{i,gem}$ gemessene Konzentration in mol·cm^{-3}

       $e_{gewi,j}$ gewichteter Fehler

Zielfunktion ist die Summe aller gewichteten Fehler, die anhand der MATLAB-Funktion lsqnonlin minimiert wird.

$$Z = \sum_{j=1}^{E} \sum_{i=1}^{S} e_{gewi,j}^2 \tag{5.13}$$

mit   S   alle Substanzen

      E   Experiment

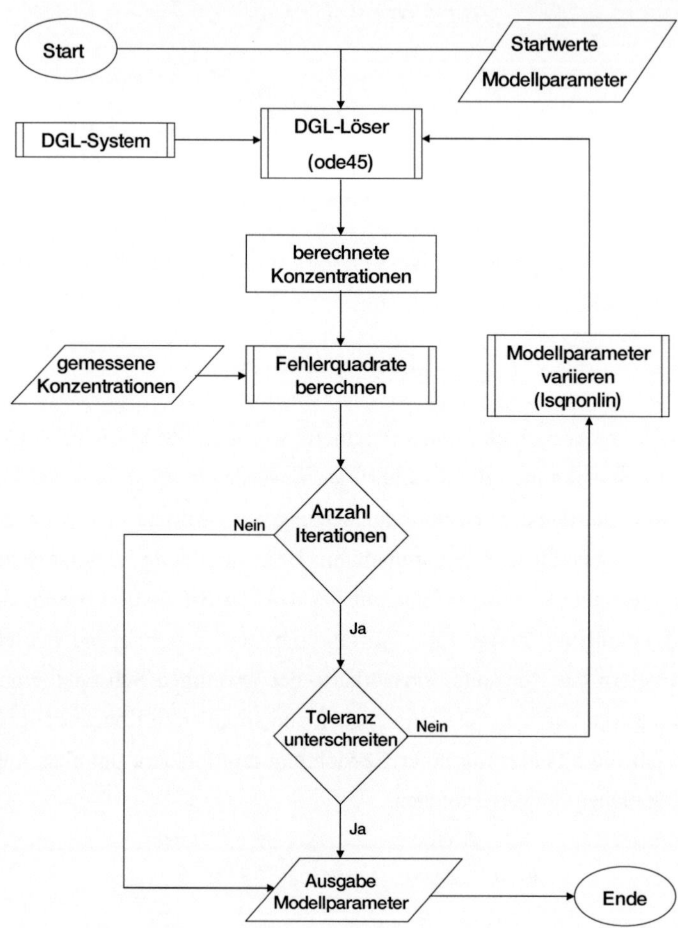

Abbildung 5.2: Schematische Darstellung des Programmablaufs zur Anpassung der Modellparameter mit MATLAB.

5.4 Ergebnisse der Modellierung

Anhand der reaktionstechnischen Messungen aus Kapitel 4 konnte kein Einfluss der Ester-Konzentration abgeleitet werden, weshalb die Teilordnung von DMS zu eins festgelegt wurde. Zu Beginn der mathematischen Anpassungen wurden die übrigen Teilordnungen als Variablen definiert. In Tabelle 5.2 sind die Teilordnungen der jeweiligen Spezies aufgeführt. Die Anpassung ergab Teilordnungen für GBL und BDO nahe eins, weshalb die Teilordnungen zu eins angenommen wurden. Wie zuvor erläutert, kann die Teilordnung des Wasserstoffs trotz des hohen Überschusses nicht zu null angenommen werden. Die Anpassung ergab Werte zwischen 0,2 und 0,3.

Tabelle 5.2: Ermittelte Ordnung der Wasserstoffkonzentration.

Reaktionen	Teilordnung der organischen Spezies	Teilordnung des Wasserstoffs
$r_{D,G}$	1	0,3
$r_{G,B}$	1	0,2
$r_{B,G}$	1	0,25
$r_{B,T}$	1	-
$r_{G,T}$	1	0,2
$r_{D,T}$	1	0,2
$r_{M,DME}$	2	-

Die kinetischen Paramteter, welche die experimentellen Daten am besten beschreiben, sind in den Tabellen 5.3 sowie 5.4 aufgeführt.

Tabelle 5.3: Angepasste kinetische Parameter mit 95 %-Vertrauensintervall.

Geschwindigkeitskoeffizienten $k_{i,j}$	Einheit	Wert
$k_{D,G}$	$(cm^3 \cdot mol)^{0,3} \cdot s^{-1} \cdot cm^3 \cdot g^{-1}$	$4,90 \pm 1,58$
$k_{G,B}$	$(cm^3 \cdot mol)^{0,2} \cdot s^{-1} \cdot cm^3 \cdot g^{-1}$	$1,76 \pm 2,70$
$k_{B,G}$	$(cm^3 \cdot mol)^{0,25} \cdot s^{-1} \cdot cm^3 \cdot g^{-1}$	$3,07 \cdot e^{-14}$
$k_{B,T}$	$s^{-1} \cdot cm^3 \cdot g^{-1}$	$3,98 \pm 3,39$
$k_{G,T}$	$(cm^3 \cdot mol)^{0,2} \cdot s^{-1} \cdot cm^3 \cdot g^{-1}$	$4,18 \pm 3,91$
$k_{D,T}$	$(cm^3 \cdot mol)^{0,2} \cdot s^{-1} \cdot cm^3 \cdot g^{-1}$	$1,54 \pm 0,78$
$k_{M,DME}$	$mol^{-1} \cdot s^{-1} \cdot cm^6 \cdot g^{-1}$	$1,02$

Tabelle 5.4: Aus der Modellierung ermittelte Aktivierungsenergien.

Aktivierungsenergien	Wert
$E_{AD,G}$	89,8
$E_{AG,B}$	37,2
$E_{AB,T}$	45,8
$E_{AG,T}$	116,5
$E_{AD,T}$	107

Die mathematische Anpassung der Hydrierung von DMS zu GBL ergab eine relativ hohe Aktivierungsenergie. Das war zu erwarten, da hierbei zwei Methanol-Moleküle abgespalten werden und der Ring über ein Sauerstoff-Atom geschlossen wird. Die größte Aktivierungsenergie weist der Teilschritt von GBL zu THF auf. Das lässt den Rückschluss zu, dass der Reaktionspfad bei der Anpassung nicht vorrangig berücksichtigt wurde. Der logische Verzicht auf diesen Reaktionspfad ermöglichte jedoch keine Anpassung. Die hohe Aktivierungsenergie für den Reaktionsschritt von DMS zu THF lässt sich als Summe der Aktvierungsenergien der Einzelreaktionen verstehen. Für eine bessere Übersichtlichkeit wurde auf die vielen Auftragungen der einzelnen Substanzen bei den verschiedenen Reaktionstemperaturen und Konzentrationen verzichtet und die Darstellung als Paritätsdiagramm gewählt. Hierzu werden Paritätsdiagramme zum Einfluss des Wasserstoff/Ester-Verhältnisses und der Reaktionstemperatur gezeigt.

In Abbildung 5.3 (IV) ist das Paritätsdiagramm für GBL dargestellt. Aus der großen Streuung der Abweichung zwischen gemessenen und berechneten Konzentrationen ist zu schließen, dass ein gute Anpassung dieses Zwischenproduktes nicht gelungen ist. Dies gelang für das Wasserstoff/Ester-Verhältnis von 100 noch am besten. Das zeigt sich ebenso anhand der Konfidenzintervalle der Geschwindigkeitskoeffizienten (s. Tabelle 5.3) für die Reaktionen, an denen GBL beteiligt ist. Für die Gleichgewichtsreaktion von GBL zu BDO ist das Konfidenzintervall größer als der Parameterwert selbst, für die Rückreaktion war ein physikalisch sinnvoller Wert des Konfidenzintervalls nicht zu ermitteln und für die Reaktion von GBL zu THF hat der Wert des Konfidenzintervalls in etwa die Größe des Geschwindigkeitskoeffizienten. Das Koppelprodukt MeOH konnte angepasst werden, s. Abbildung 5.3 (III). Die Anpassung war für das Wasserstoff/Ester-Verhältnis 150 am besten, wobei das Wasserstoff/Ester-Verhältnis 250 unterschätzt und das Wasserstoff/Ester-Verhältnis 100 überschätzt wurde. Die Fehlerquadratberechnung für Methanol wurde mit einer kleinen Gewichtung versehen, um die Anpassung der Konzentrationen von DMS und THF zu verbessern. Ohne diese Gewichtung wird die berechnete Konzentration von MeOH am besten an die experimentellen Konzentrationen angepasst, da diese die höchsten Werte aufweisen und somit die Fehlerquadratberechung stärker beeinflussen.

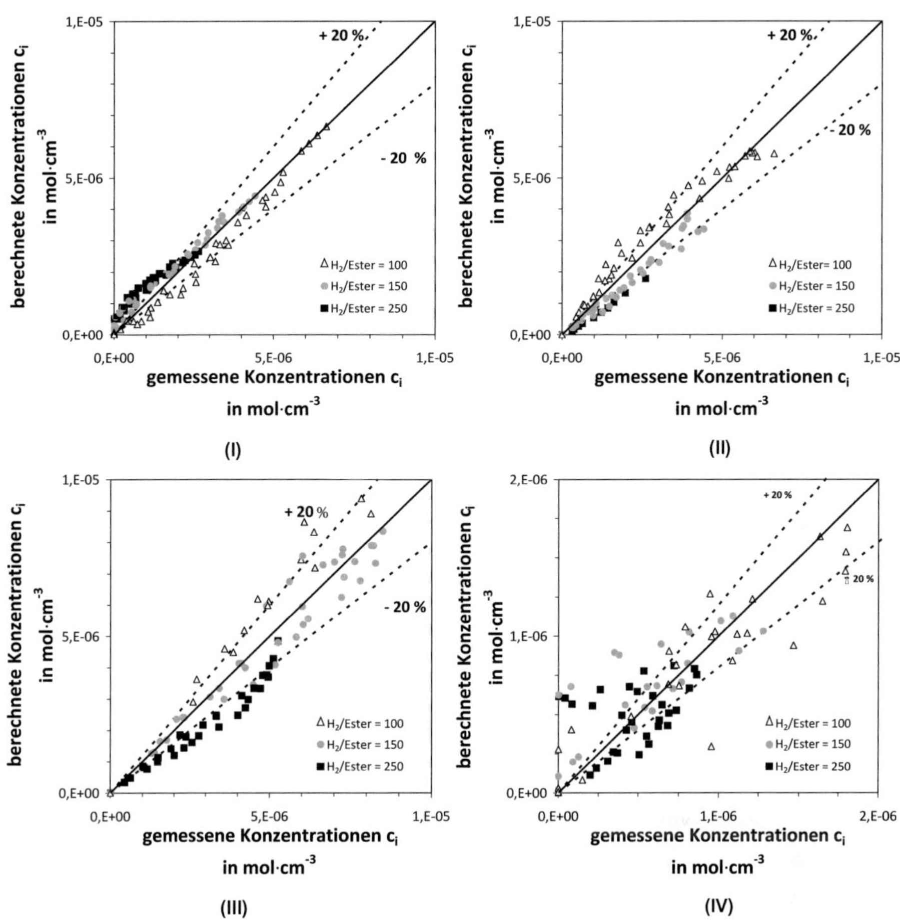

Abbildung 5.3: Paritätsdiagramm für die mathematische Modellierung der Gasphasenumsetzung von Dimethylmaleat zu Tetrahydrofuran für die H_2/Ester-Verhältnisse 100, 150 und 250. I DMS, II THF, III MeOH und IV GBL.

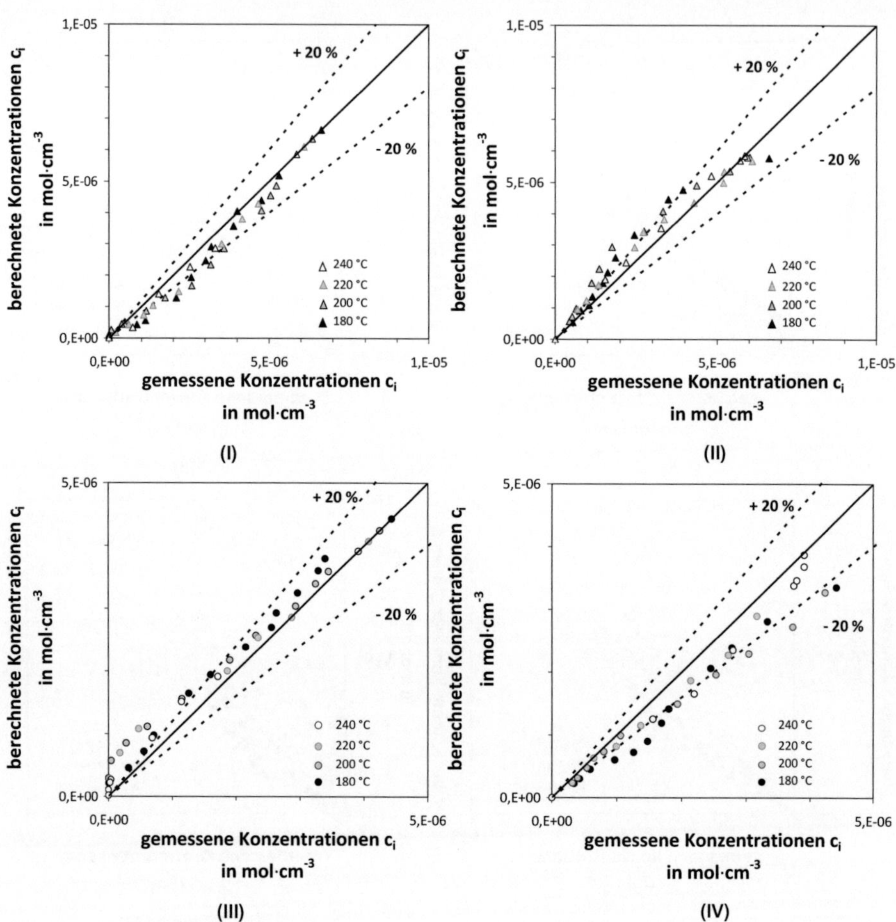

Abbildung 5.4: Paritätsdiagramm für die mathematische Modellierung der Gasphasenumsetzung von Dimethylmaleat zu Tetrahydrofuran für das H_2/Ester-Verhältnis 100 in I DMS und II THF sowie für das H_2/Ester-Verhältnis 150 in III DMS und IV THF.

Eine schlechtere Anpassung der berechneten Konzentrationen von MeOH an die gemessenen Konzentrationen wurde bewusst akzeptiert. Das scheint vor dem Hintergrund zulässig, dass das MeOH in einem technischen Prozess im Kreislauf zwischen Veresterung und Hydrierung gefahren wird und bei der Bilanzierung der Gesamtanlage nicht im Vordergrund steht.

Das Paritätsdiagramm für THF, s. Abbildung 5.3 (II), zeigt eine Unterschätzung für das Wasserstoff/Ester-Verhältnis 250 und eine Überschätzung des Wasserstoff/Ester-Verhältnis 100. Die Unterschätzung der Konzentrationen von DMS, s. Abbildung 5.3 (I), führt im Umkehrschluss zur Überschätzung der Konzentrationen an THF. Die quantitative Abweichung wird für größere Konzentrationswerte geringer. So werden insbesondere kleine Konzentrationen mit großen Abweichungen zu den gemessenen Konzentrationen berechnet. Womöglich lässt sich das auf eine geringere Messgenauigkeit bei Messungen kleinerer Konzentrationswerte zurückführen. In Abbildung 5.4 ist die Temperaturabhängigkeit der Abweichung zwischen gemessenen und berechneten Konzentrationen dargestellt. Diese ist nicht sehr ausgeprägt und es lassen sich keine generellen Aussagen daraus ableiten. Tendenziell sind die Abweichungen bei 180 °C sowie 200 °C größer und sind vorwiegend bei kleinen Konzentrationswerten festzustellen.

In dieser Arbeit wurde ein formalkinetisches Modell für die Gasphasenumsetzung von DMM zu THF an Cu/ZnO/γ-Al$_2$O$_3$-Extrudaten aufgestellt. Die experimentellen Datenbasis umfasst Wasserstoff/Ester-Verhältnisse von 50 bis 250 sowie Reaktionstemperaturen im Bereich von 180 - 240 °C. Zum ersten Mal wurde die Wasserstoff-Konzentration beim Aufstellen der Potenzansätze für die Reaktionsgeschwindigkeiten mit einer Teilordnung von 0,2 - 0,3 berücksichtigt. Das hier vorgestellte formalkinetische Modell ist nicht geeignet, um die Reaktionskinetik der Gasphasenumsetzung von DMM zu THF zufriedenstellend zu beschreiben. Die quantitativen Abweichungen der Konzentrationen, die mithilfe der angepassten Kinetikparamter berechnet wurden, von den gemessenen Konzentrationen sind zu groß. Eine Verbesserung der Anpassung könnte durch eine Beschränkung des Wasserstoff/Ester-Verhältnisses auf einen engeren Bereich erreicht werden. Hierzu wären experimentelle Daten erforderlich, bei denen das Wasserstoff/Ester-Verhältnis in kleineren Abständen variiert wird.

6 Prozessintensivierung

Die Steigerung der Raum-Zeit-Ausbeute (RZA) und die Erhöhung des Durchsatzes sind die Hauptaufgaben einer Prozessintensivierung. Im Folgenden werden die Prozessparameter und ihr Einfluss zur Steigerung der RZA gezeigt.

Die Reaktionstemperatur hat einen großen Einfluss auf die Aktivität des Katalysators. In Abbildung 4.1 ist die deutliche Zunahme des Ester-Umsatzes bei gleicher modifizierter Verweilzeit mit steigender Temperatur dargestellt. Die Erhöhung der Reaktionstemperatur intensiviert den Prozess der Gasphasenumsetzung von DMM zu THF. Backes et al. (2009) und Rösch et al. (2005b) legen dar, dass die unerwünschte Nebenproduktbildung bei höheren Reaktionstemperaturen deutlich zunimmt. Dadurch wird die Produktreinigung aufwendiger und die Wirtschaftlichkeit des Prozesses reduziert. Beim hier vorgestellten Prozess werden Butan, Propan und Butanol nicht unterhalb 200 °C gebildet. Über 200 °C können nur Mengen an der Nachweisgrenze der Analytik detektiert werden. Wie von Timofeev et al. (2010) gezeigt wird, entstehen die Nebenprodukte Butan, Propan und Butanol durch Überhydrierung von BDO. Durch die Dehydratisierung von BDO zu THF am sauren γ-Al$_2$O$_3$ wird diese Überhydrierung vermieden. Eine Bestätigung findet man bei Ding et al. (2010), der die Überhydrierung durch Zusatz von saurem HY-Zeolithen ebenfalls unterdrücken konnte.

Allein das Nebenprodukt DME wird an den sauren Zentren des γ-Al$_2$O$_3$ gebildet. Bei 240 °C beträgt der Stoffmengenanteil DME etwa 3 %. Der MeOH-Verlust betrifft den MeOH-Kreislauf, in dem das MeOH zur Veresterung nicht zurückgeführt werden kann (vgl. Kapitel 2.2.6). Die THF-RZA wird dadurch nicht verringert.

In Abbildung 6.1 (I) ist die RZA als Funktion der WHSV (Weight hourly space velocity, Katalysatorbelastung) bei einem konstanten Druck von 25 bar für verschiedene H$_2$/Ester-Verhältnisse sowie verschiedene Reaktionstemperaturen dargestellt. Die aufgetragenen RZA wurden bei den Messungen ermittelt, bei denen gerade Vollumsatz (wegen asymptotischer Annäherung $X_{Ester} \geq 99$ %) erreicht wurde, denn bei Vollumsatz beträgt die THF-Selektivität 100 %. Dadurch werden die eingesetzten Ressourcen komplett genutzt und die größte Ausbeute beim geringsten Aufwand der Produktreinigung erzielt. In guter Näherung erhält man für verschiedene H$_2$/Ester-Verhältnisse bei gleicher WHSV die gleiche Ausbeute. Der Katalysator kann immer die gleiche Menge an Ester umsetzen. Für eine größere Menge Ester wird eine größere Menge Katalysator benötigt. Das stimmt mit der Annahme 1. Ordnung für die Ester-Konzentration im Potenzansatz für die Reaktionsgeschwindigkeit in Kapitel 5 überein.

Abbildung 6.1 (I) sind auch die Einflüsse der Reaktionstemperatur auf die THF-RZA und die mögliche Katalysatorbelastung zu entnehmen. Die erzielbare Katalysatorbelastung und damit

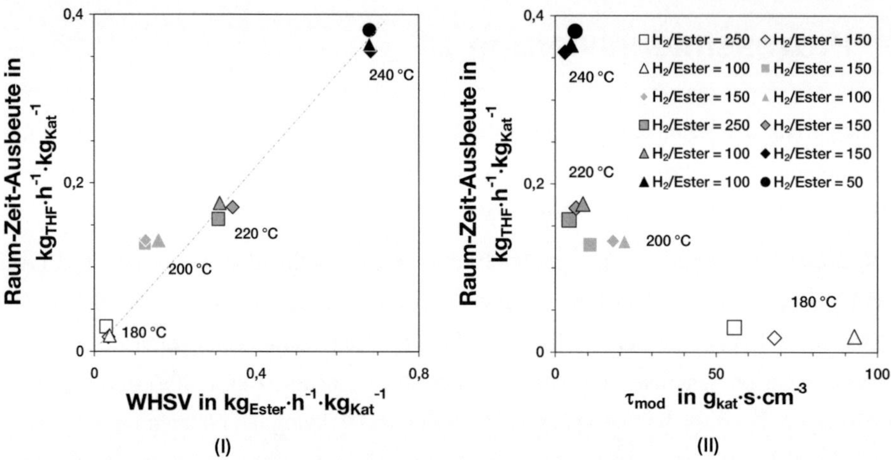

Abbildung 6.1: RZA an THF bei Vollumsatz als Funktion der WHSV bei konstantem Druck
von 25 bar (I) sowie als Funktion der modifizierten Verweilzeit (II).

verbunden die THF-RZA kann in den dargestellten 20 °C-Intervallen jeweils verdoppelt werden. Die Erhöhung der Reaktionstemperatur intensiviert die Gasphasenumsetzung von DMM
zu THF deutlich.

In Abbildung 6.1 (II) ist die THF-RZA als Funktion der modifizierten Verweilzeit aufgetragen.
Die modifizierte Verweilzeit, der Quotient aus Katalysatormasse und Volumenstrom, wird auf
die Reaktionsbedingungen bezogen. Bei einer Erhöhung der Reaktionstemperatur um 20 °C
erhöht sich der Volumenstrom um ca. 4 %, wodurch sich die modifizierte Verweilzeit in etwa
um die genannte Prozentzahl verringert. Der Abbildung kann entnommen werden, dass bei
einer Verringerung des H_2/Ester-Verhältnisses höhere Verweilzeiten nötig sind, um die gleiche
THF-RZA bei Vollumsatz zu erreichen. Bei einer Verringerung des H_2/Ester-Verhältnisses von
250 auf 150 benötigt man eine um ca. 25 % höhere Verweilzeit, bei einer Verringerung des
H_2/Ester-Verhältnisses von 150 auf 100 ist eine um ca. 35 % höhere Verweilzeit erforderlich.
Um so mehr wird aus dieser Abbildung der Einfluss der Reaktionstemperatur auf die erzielbaren
THF-RZA deutlich. Die Erhöhung der Reaktionstemperatur von 220 °C auf 240 °C verdoppelt
die THF-RZA bei nahezu identischen Verweilzeiten, da durch höhere Temperaturen mehr Ester
umgesetzt und aber auch die modifzierte Verweilzeit reduziert wird.

Die Einflüsse der Reaktionstemperatur und des Reaktionsdruckes auf die RZA an THF werden
in Abbildung 6.2 (I) als Funktion der WHSV und in Abbildung 6.2 (II) als Funktion der modif-
zierten Verweilzeit für ein H_2/Ester-Verhältnis von 100 gezeigt. Die RZA wurde bei Vollumsatz
ermittelt. Die RZA an THF steigt mit zunehmender Temperatur und zunehmendem Druck. Zum
oben angesprochenen Einfluss der Reaktionstemperatur auf die modifzierte Verweilzeit ist hier-

bei auch der Druckeinfluss dargestellt. Verdoppelt man den Reaktionsdruck, so halbiert sich der auf Reaktionsbedingungen bezogene Volumenstrom und es verdoppelt sich die modifizierte Verweilzeit. Da der Auftragung bei doppeltem Druck keine doppelte Verweilzeit zu entnehmen ist, bedeutet das, dass die gezeigten RZA bei verschiedenen Strömungsbedingungen im Reaktor erhalten wurden. Das ist bei der Analyse der Auftragung zu beachten, umso mehr, weil dieser Sachverhalt nicht offensichtlich ist.

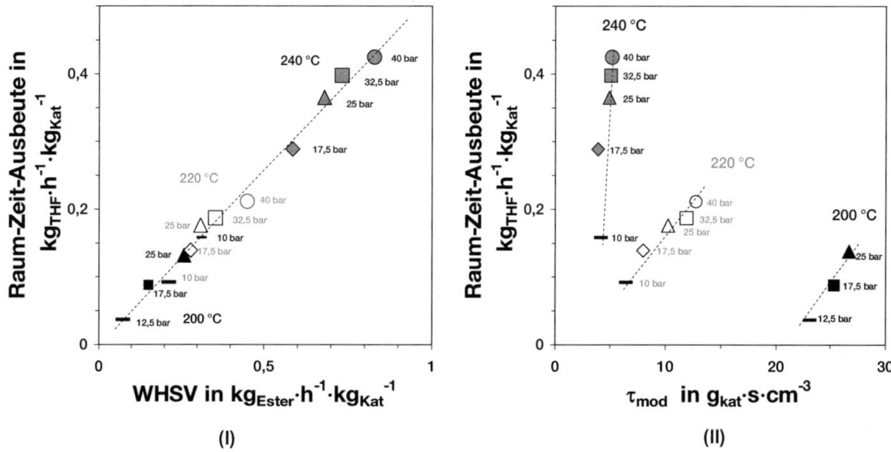

Abbildung 6.2: RZA an THF bei Vollumsatz als Funktion der WHSV für ein H_2/Ester-Verhältnis von 100 (I) sowie als Funktion der modifizierten Verweilzeit (II).

Interessant ist der Druckeinfluss auf die RZA an THF bei konstanter Temperatur. Eine Druckerhöhung von 10 auf 25 bar steigert die THF-RZA um etwa 57 %. Eine weitere Drückerhöhung von 25 auf 40 bar bringt nur eine Steigerung der THF-RZA um 15 %. Unter Berücksichtigung der Betriebskosten bei höheren Drücken gilt es ein Optimum der Wirtschaftlichkeit zwischen den Kosten bei höherem Druck und der höheren RZA zu finden. Des Weiteren ist die Anpassung des Reaktionsdruckes ein Instrument der Flexibilisierung. Wie in Kapitel 4.3 gezeigt ist, beeinflusst die Variation des Druckes die Produktverteilung bei Vollumsatz nicht. Die Auswertung der Versuche mit verschiedenen Drücken zeigte keine nennenswert höhere Nebenproduktbildung. Somit ist die Anpassung der THF-RZA über den Druck ein geeignetes Mittel, um auf Absatzschwankungen zu reagieren, sofern das die Auslegung der technischen Anlage zulässt.

Im Vergleich zu den Untersuchungen von Müller (2005) konnte die THF-RZA um den Faktor vier gesteigert werden. Bei 200 °C, 25 bar und einem H_2/Ester-Verhältnis von 250 wurde eine THF-RZA von 0,124 $kg_{THF}\cdot h^{-1}\cdot kg_{Kat}^{-1}$ erreicht. In dieser Arbeit konnte eine THF-RZA von 0,511 $kg_{THF}\cdot h^{-1}\cdot kg_{Kat}^{-1}$ bei 240 °C, 40 bar und einem H_2/Ester-Verhältnis von 50 erzielt werden.

Abschließend wird festgehalten, dass die Erhöhung der Reaktionstemperatur und des Reaktionsdruckes in dem hier vorgestellten Maße probate und problemfreie Mittel zur Steigerung der THF-RZA sind. Die Erhöhung des Durchsatzes bzw. die Verringerung der Kreisgasmenge anhand der Reduktion des H_2/Ester-Verhältnisses sind an die Anpassung der Katalysatormasse oder des Strömungsregimes geknüpft. Es konnte gezeigt werden, dass sowohl eine Reduktion des H_2/Ester-Verhältnisses als auch eine vielversprechende Erhöhung der THF-RZA möglich sind. Dadurch kann behauptet werden, dass die Gasphasenumsetzung von DMM zu THF am $Cu/ZnO/\gamma\text{-}Al_2O_3$-Katalysator intensiviert werden kann.

7 Vermeidung der Polyester- und Polymerbildung

Ein immer wieder beschriebenes Problem bei der Hydrierung von MSA und deren Estern sind die Ablagerungen in und Verstopfungen von Anlagenteilen durch Polyester- bzw. Polymerbildung der Reaktanten. In diesem Kapitel sind die Erkenntnisse aus der Literatur zusammengefasst. Zusätzlich wird die Relevanz möglicher Polyester- bzw. Polymerbildungsreaktionen auf die Gasphasenumsetzung von DMM zu THF eingeschätzt und Empfehlungen für den sicheren Betrieb gegeben.

Bei der Hydrierung von Bernsteinsäuredimethylestern an $CuCr_2O_4$-Katalysatoren fanden Kouba und Snyder (1987) Polymerablagerungen. Dabei folgerten sie, dass sich Methyl-4-hydroxybutyrat, Methyl(-4-hydroxybutyl)-succinat und Bis(4-hydroxybutyl)-succinat aus DMS oder DMS und BDO gebildet hatten. Durch Zugabe erheblicher MeOH-Mengen konnte die Oligomerbildung unterdrückt werden, was dafür spricht, dass die Polymerbildung durch die Umesterung von DMS durch BDO initiiert wurde (s. Abbildung 7.1). Das einer Umesterung zugrunde liegende Gleichgewicht wird durch ein Überangebot des entsprechenden Alkanols (für DMS ist das MeOH) auf die Eduktseite hin verschoben (in diesem Fall das unreaktive Nebeneinander von DMS und BDO).

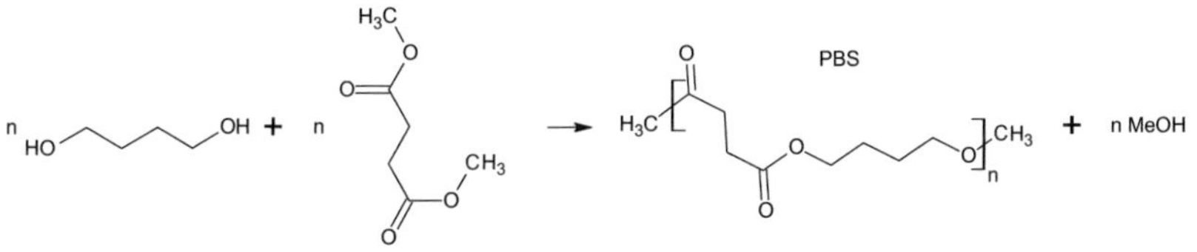

Abbildung 7.1: Strukturformelgleichung der Polyesterbildung von DMS und BDO zu Polybutylensuccinat (PBS).

Pepic et al. (2007) und Lahcini et al. (2010) spezifizierten die Bedingungen der Polyesterbildung von DMS und BDO. Die Reaktionstemperaturen bei der Hydrierung von DMS entsprechen den Temperaturen der Polyesterbildung von 220 bis 240 °C. Ding et al. (2010) wies mit einem GC/MS-System 4-Hydroxybutyl-succinat, die Vorstufe von Polybutylensuccinat (PBS), bei der Gasphasenhydrierung von DMS an CuZnO-Katalysatoren nach. Durch Zusatz von HY-Zeolith konnte die Polyesterbildung von DMS und BDO unterdrückt werden, indem die sauren Zentren des Zeolithen BDO zu THF dehydratisierten. Den gleichen Effekt stellte Müller et al. (2003) an dem in der vorliegenden Arbeit eingesetzten bifunktionellen $Cu/ZnO/\gamma$-Al_2O_3-Katalysator fest.

Zur Vermeidung der Polyesterbildung gibt es weitere Ansätze. So schlug Budge et al. (1993) einen zweistufigen Prozess der Hydrierung von MSA vor. Bei hohen Temperaturen und niedrigen Drücken wird in der ersten Stufe MSA zu GBL umgesetzt. Im zweiten Reaktor wird bei vergleichsweise niedrigen Temperaturen und hohen Drücken GBL zu BDO hydriert. Die Polyesterbildung von DMS und BDO wird durch räumliche Trennung der Reaktanten vermieden. Als Nebeneffekt entdeckte Turner et al. (1988), dass sich dadurch die Ausbeute an BDO steigern lässt.

Schlander (2000) und Ohlinger (2005) bemerkten die Polyesterbildung anhand einer defizitären Kohlenstoffbilanz bei der einstufigen Gasphasenhydrierung von DMM, insbesondere bei niedrigen Temperaturen, hohen Drücken sowie hohen Esterkonzentrationen im Eduktgemisch. Schlander (2000) empfahl ähnlich wie Budge et al. (1993) eine räumliche Trennung der Hydrierung in zwei hintereinandergeschalteten Reaktoren. Ohlinger und Kraushaar-Czarnetzki (2003) entwickelten eine Abschätzung des minimal erforderlichen Eduktverhältnisses zur Vermeidung der Kondensation der Reaktanten. Die Kondensation wird als erster Schritt zur Polyesterbildung bei der Gasphasenhydrierung angesehen. Sofern ein minimales H_2/Ester-Verhältnis von 250 nicht unterschritten wird, kann DMM in der Gasphase einstufig und ohne Probleme durch Polyesterbildung hydriert werden. Allerdings führt die hohe Verdünnung bei der industriellen Anwendung zu einem großen Kreisgasvolumen, welches die Wirtschaftlichkeit des Gesamtprozesses reduziert.

Nach Ohlinger und Kraushaar-Czarnetzki (2003) limitierte BDO das H_2/Ester-Verhältnis aufgrund seines hohen Taupunktes und der dadurch hohen Wahrscheinlichkeit zur Kondensation. Durch die Verwendung des bifunktionellen Cu/ZnO/γ-Al_2O_3-Katalysator im Rahmen dieser Arbeit dehydratisiert BDO zu THF. Bei den kinetischen Messungen fiel auf, dass BDO nicht oder nur in kleinen Mengen nachgewiesen werden kann (s. Anhang A.3.1.4). Es ist unwahrscheinlich, dass BDO bei der hier vorgestellten Untersuchung der einstufigen Gasphasenumsetzung von DMM zu THF aufgrund der beschriebenen Polyesterbildung das Zulaufverhältnis limitiert. Insbesondere bei niedrigen H_2/Ester-Verhältnissen sollte die Kohlenstoffbilanz als erstes Indiz für die unerwünschte Polyesterbildung sorgfältig beobachtet werden, weil die Polyesterbildung von DMS und BDO nicht vollständig ausgeschlossen werden kann.

Eine weitere, wahrscheinliche Polymerisation ist die Reaktion von THF zu PTMO, siehe Abbildung 7.2. Auf diese Weise verarbeitet die chemische Industrie einen Großteil des THFs zu speziellen Fasern. Nach Schlitter et al. (2003b) sowie Pinkos und Haubner (2004) sind typische Prozessbedingungen 25 – 40 °C bei atmosphärischem Druck in Flüssigphase. Dazu werden stark saure Katalysatoren eingesetzt, wie nach Wabnitz et al. (2006) Telogen promotierte Alumina-Silikate und nach Steinbrenner et al. (2003) Alkali- bzw. Erdalkalisalze der Heteropolysäure. Wie Abello et al. (1995) beschreibt, ist γ-Al_2O_3 nur schwach sauer. Valyon et al. (1989) führt das auf Lewis-Zentren zurück, die über 90 % der sauren Zentren ausmachen. Demnach ist der Cu/ZnO/γ-Al$_2$O$_3$-Katalysator vermutlich nicht sauer genug, um die Polymerisation zu katalysieren. Des Weiteren sind die Reaktionstemperaturen bei der Gasphasenumsetzung von DMM zu THF ca. 200 °C höher als bei der Polymerisation von THF zu PTMO. Der Ausschlussversuch an reinen γ-Al$_2$O$_3$-Extrudaten zeigt, wie in Anhang A.3.1.3 beschrieben, dass keine Polymerisation von THF stattfindet. Somit kann THF als Polymerisationsinitiator für die betrachtete Reaktion ausgeschlossen werden.

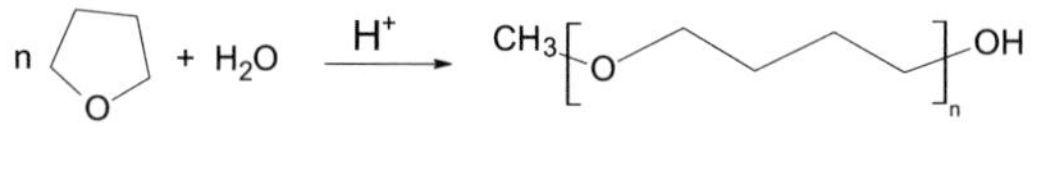

Abbildung 7.2: Strukturformalgleichung der Polymerisation von THF zu PTMO.

Scarlett et al. (1995) beschreiben eine Polymerisation ausgehend von DMM, DMS sowie DMF sowohl bei der Gas- als auch Flüssigphasenhydrierung an Cu-Katalysatoren. Diese leiteten sie anhand von Polymerfunden bei ihren Versuchen ab. Das stimmt mit der Feststellung von Rösch et al. (2005a) überein. Bei der Gasphasenhydrierung von MS, BS und Fumarsäure (FS) deaktiviert der Katalysator aufgrund von Polymerablagerungen bei Reaktionstemperaturen unter 235 °C. Otsu et al. (1981) untersuchten die radikalische Polymerisation von DMM und stellten dabei eine sterische Hemmung fest. So entstanden aufgrund der DMM-Struktur weder Oligomere noch Polymere. Dagegen beschreiben Yoshioka et al. (1992) die leicht durchführbare radikalische Polymerisation von DMF, wie in Abbildung 7.3 gezeigt. DMF ist das trans-Isomer von DMM und besitzt keine sterische Hemmung für eine Polymerisation. Otsu et al. (1983) isomerisierten DMM zu DMF mit anschließender Polymerisation in einem Reaktor.

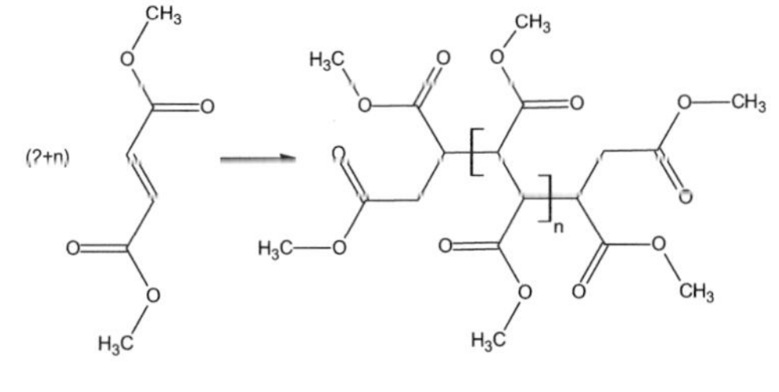

Abbildung 7.3: Strukturformelgleichung der Polymerisation von Dimethylfumerat.

Bei dem in dieser Arbeit eingesetzten DMM ist durch den Hersteller bis zu 4 % DMF vorhanden. Des Weiteren stellte Schlander (2000) die Isomerisierung von DMM zu DMF unter den Reaktionsbedingungen der Gasphasenhydrierung von DMM fest, wodurch sich der Stoffmengenanteil von DMF im Eduktgemisch erhöhen könnte. Bei einem im Rahmen der kinetischen Untersuchungen durchgeführten Versuch kam es aufgrund einer Anlagenstörung zu einer sehr

Untersuchungen durchgeführten Versuch kam es aufgrund einer Anlagenstörung zu einer sehr hohen Esterkonzentration im Zulauf. Das hatte die Kondensation des Eduktes sowie eine Verstopfung der Anlage zur Folge. Interessanterweise war lediglich der Anlagenteil vom Verdampfer bis zum Reaktor von Ablagerungen bis hin zu Verstopfungen betroffen. Die Tatsache, dass der Ester ab dem Reaktor zu den Folgeprodukten umgesetzt wird, spricht sehr dafür, dass die Verstopfung durch eine Polymerbildung von DMF hervorgerufen wurde. Das Edukt ist folglich eine kritische Komponente bei der Gasphasenumsetzung von DMM zu THF. Unter Berücksichtigung der Abschätzung des minimal erforderlichen H_2/Ester-Verhältnis in Anhang A.2.6 kam es beim regulären Messbetrieb zu keinen Problemen, die die Ergebnisse der kinetischen Messungen beeinflussten. Durch diese Beschränkung des H_2/Ester-Verhältnisses erscheint die Polymerisationsproblematik des Eduktes handhabbar.

8 Physikalisch-chemische Eigenschaften des Katalysatorsystems

8.1 Überblick

In dem vorliegenden Kapitel soll ausgehend von den Empfehlungen der Literatur und gestützt durch die Charakterisierung des Katalysatorsystems ein möglichst idealer Katalysator für die Gasphasenumsetzung von DMM zu THF vorgeschlagen werden. Die Charaktersierungsergebnisse des Katalysators, der in den reaktionstechnischen Untersuchungen eingesetzt wurde, werden auch gezeigt. Alle anderen Katalysatoren konnten nicht in ausreichendem Maße reaktionstechnisch untersucht werden, da weder die notwendige Zeit noch die reaktionstechnische Anlage dafür zur Verfügung standen. Die Katalysatoren gehören zu einem sogenannten Katalysatorsystem, da sie aus dem gleichen Vorläufer und Binder bestehen. Sie unterscheiden sich jedoch in der mengenmäßigen Zusammensetzung und dem Energieeintrag, dem sie während des Mischens der keramischen Paste ausgesetzt wurden. Die Charaktisierungsmethoden sind in Anhang A.1.1 erläutert und wurden an kalzinierten, nicht reduzierten Extrudaten angewandt, ausgenommen ist hiervon die Lachgasadsorption.

An dem bifunktionalen Katalysatorsystem Cu/ZnO/γ-Al$_2$O$_3$ läuft die Gasphasenumsetzung von DMM zu THF ab. Das Cu katalysiert dabei die drei Hydrierschritte. γ-Al$_2$O$_3$ ist zum einen Bindermatrix und katalysiert zum anderen die Dehydratisierung von BDO zu THF. Die einstufige Durchführung der Gasphasenumsetzung basiert auf der Bifunktionalität des Katalysators.

Die in Kapitel 2.3 beschriebene Literatur befasst sich intensiv mit den katalytisch wirksamen Komponenten möglicher Katalysatoren. Dabei wurden Aktivität und Selektivität an Splitfraktionen der Katalysatoren in Laborreaktoren erforscht. Die Möglichkeit der Katalysatorgestaltung mittels Formgebung bleibt ungenutzt. Aus Patenten sind Schalenkontakte, Tabletten und nach der Einführung von Müller et al. (2003) auch Extrudate als Formkörper für diese Reaktion bekannt. Schalenkontakte sind zwar geschützt, werden aber industriell nicht eingesetzt, da eine Verdünnung mit Inertmaterial im Katalysatorbett nicht nötig ist.

Der industriell bevorzugte Katalysatorformkörper ist die Tablette. Nach Kraushaar-Czarnetzki und Müller (2009) gehört die Tablettierung zur Hochdruckagglomeration, bei der meist kurze Zylinder von hoher Formgenauigkeit erzeugt werden. Tabletten halten den mechanischen und thermischen Belastungen im industriellen Einsatz gut stand. Einflussgrößen der Tablettierung sind der Maximaldruck, die Druckaufbaurate sowie die Anzahl der Kompaktierungsvorgänge. Ein Nachteil des hohen Druckes ist das Brechen von Kristallstrukturen und die Umlagerung von Kristallebenen. Insbesondere aber beträgt die Porosität der Tabletten generell nur 5 – 30 % und lässt sich bei der Herstellung nur schwer beeinflussen.

Nach Kraushaar-Czarnetzki und Müller (2009) stellt die Extrusion eine Pressagglomeration dar, bei der die hohen Drücke aufgrund der Flüssigkeit in der keramischen Paste nicht zu den mechanischen Nachtteilen der Verdichtung führen, wie dies bei der Tablettierung der Fall ist. Weitere Vorteile sind nach Pietsch (2002) die mögliche Variation der Porosität durch die Anpassung des Flüssigkeit/Feststoff-Verhältnisses im Bereich von 30 – 60 % sowie die gezielte Gestaltung der Porentextur anhand der Vorläuferpulver und durch Einsatz von Porenbildnern.

Der ideale Katalysator für die Gasphasenumsetzung von DMM zu THF sollte eine große Porosität sowie eine Porentextur mit vielen großen Poren aufweisen, da dies nach Borchert et al. (2002d) zu einer höheren Aktivität und THF-Selektivität führt und Limitierungen durch inneren Stofftransport minimiert. Der Katalysator sollte stabil sein, um dem Befüll- und Entleervorgang des Reaktors sowie der mechanischen Belastung während des Betriebs standzuhalten. Dies ist sicher nur in einem begrenzten Ausmaß möglich, da nach Rumpf (1975) größere Poren eine geringere mechanische Stabilität bedingen. Nach Turek et al. (1994), Schlander und Turek (1999) und Küksal et al. (2002) ist die Aktivität des Katalysators, wenn keine Stofftransportlimitierung vorliegt, proportional zur spezifischen katalytischen Aktivoberfläche. Da eine höhere Aktivität bei der Gasphasenumsetzung von DMM zu THF wünschenswert ist, ist eine Erhöhung der katalytisch aktiven Oberfläche anzustreben.

Wie bereits Müller et al. (2003) gezeigt hat, ist die Extrusion eine vorteilhafte Formgebungsvariante für die Gasphasenumsetzung von DMM zu THF. Die zuvor genannten Anforderungen können am besten mittels Extrusion realisiert werden. Aufbauend auf den Erkenntnissen von Müller et al. (2003) werden im Folgenden die physikalisch-chemischen Eigenschaften des Katalysatorsystems dargestellt. Zunächst werden die Charakterisierungergebnisse des Vorläufers und Binders gezeigt, deren Kenntnis wichtig ist, um die Eigenschaften der Extrudate zu gestalten. Anschließend werden die Gestaltungsparameter Zusammensetzung und Energieeintrag in Form der Mischzeit sowie deren Einfluss auf die Eigenschaften der Katalysatoren vorgestellt.

8.2   Charakterisierung des Vorläufers und des Binders

In Abbildung 8.1 sind die Partikelgrößenverteilungen des Vorläufers, des gemahlenen Vorläufers sowie des Binders Pural SB dargestellt. Der mittlere Partikeldurchmesser x_{50} des Vorläufers liegt bei 15 μm, wobei ein Feinanteil im Bereich von 0,5 – 3 μm besteht. Durch das Mahlen des Vorläufers konnte der Feinanteil um 30 % erhöht und der mittlere Partikeldurchmesser x_{50} auf 5 μm verkleinert werden. Die Aufbauagglomerate des Binders haben einen mittleren Partikeldurchmesser x_{50} von 35 μm, deren mittlere Primärpartikelgröße bei 5 nm liegt.

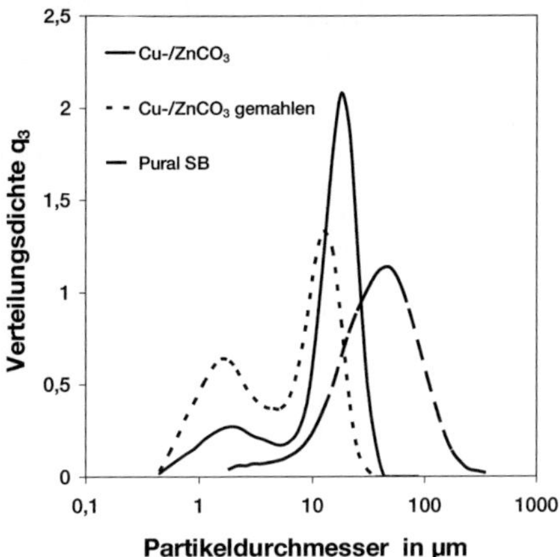

Abbildung 8.1: Partikelgrößenverteilung des gefällten Vorläufers CuCO$_3$/ZnCO$_3$, des gemahlenen Vorläufers und des Binders Pural SB.

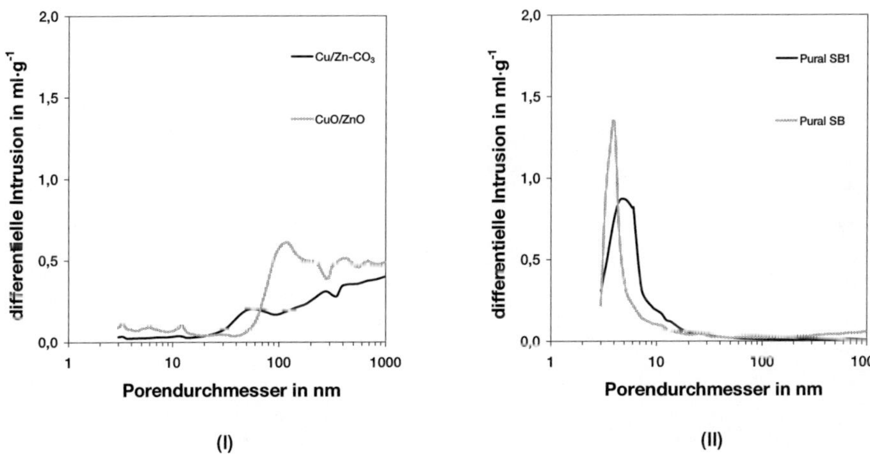

Abbildung 8.2: Porenradienverteilung des Vorläufers CuCO$_3$/ZnCO$_3$ und des kalzinierten Vorläufers CuO/ZnO (I) und sowie der Binder Pural SB und Pural SB1 (II).

In Abbildung 8.2 (I) sind die Porenradienverteilungen des Vorläufers und des kalzinierten Vorläufers dargestellt. Ein Vorläuferpartikel, s. Abbildung 8.3, ist ein Aufbauagglomerat aus Plättchen, das Freiräume zwischen den Plättchen, sogenannte Poren, ab 60 nm Größe aufweist. In der Auftragung der Porenradienverteilung ist kein scharfer Übergang von Poren zwischen den

(I)   (II)

Abbildung 8.3: Rasterelektronenmikroskop-Aufnahmen eines Vorläuferpartikels $CuCO_3$/-
                $ZnCO_3$ bei 5400facher (I) und 25000facher (II) Vergrößerung.

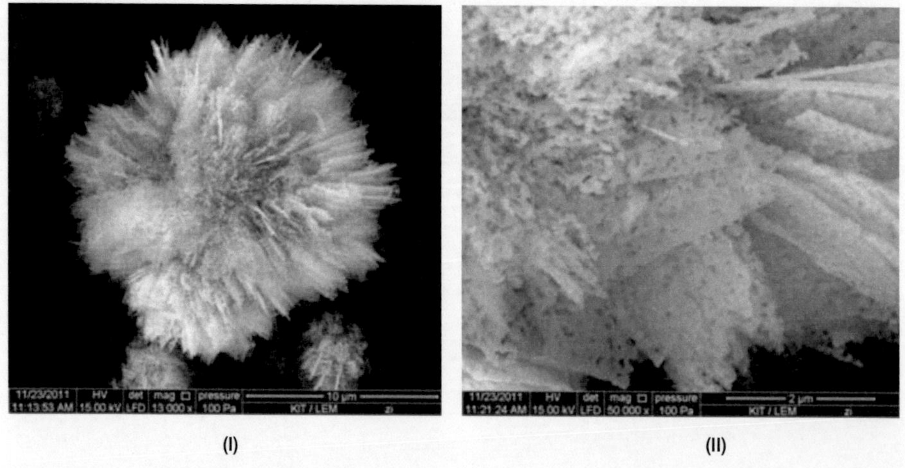

(I)   (II)

Abbildung 8.4: Rasterelektronenmikroskop-Aufnahmen eines kalzinierten Vorläuferpartikels
                CuO/ZnO bei 13000facher (I) und 50000facher (II) Vergrößerung.

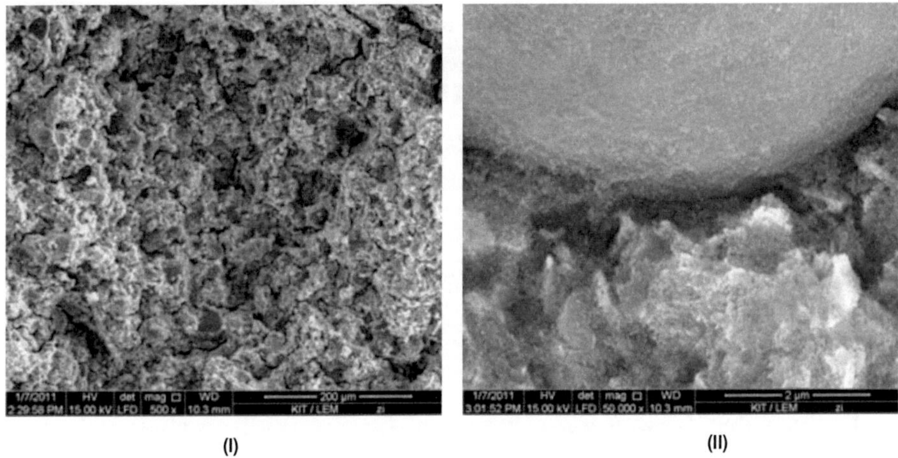

Abbildung 8.5: Rasterelektronenmikroskop-Aufnahmen eines CuO/ZnO/γ-Al$_2$O$_3$-Extrudates bei 500facher (I) und 50000facher (II) Vergrößerung.

Plättchen und Poren zwischen den Agglomeratpartikel festzustellen. Nimmt man etwa ein Viertel des Agglomeratdurchmessers als Porengröße zwischen den Agglomeraten an, so ergeben sich Poren zwischen 60 und 300 nm in den Vorläuferpartikeln und Poren ab 300 nm zwischen Agglomeratpartikeln. Diese Annahme deckt sich mit dem Minimum in der Porenradienverteilung in Abbildung 8.2 (I).

Beim Kalzinieren wandeln sich die Vorläufer-Carbonate unter CO$_2$-Freisetzung in die Oxidform um. Dadurch erhalten die Plättchen der Vorläuferpartikel eine charakteristische Lochstruktur, wie in Abbildung 8.4 gezeigt. Die Löcher haben einen Durchmesser von 20 – 80 nm, wie mittels Energiedispersiver Röntgenanalyse (EDX) vermessen wurde. Das stimmt mit der Porenradienverteilung des kalzinierten Vorläufers in Abbildung 8.2 überein, bei der sich die Poren des Vorläufers aufgrund der Kalzinierung zu kleineren Porendurchmessern verschoben haben.

In Abbildung 8.2 (II) sind die Porenradienverteilungen der Binder Pural SB und Pural SB1 dargestellt. Als Kontrast zu den speziellen Eigenschaften aufgrund des kontrollierbaren Deagglomerierens des Binders Pural SB sind in Kapitel A.3.2.4 die physikalisch-chemischen Eigenschaften der Extrudate, die mit dem Binder Pural SB1 hergestellt wurden, dargestellt. In den folgenden zwei Unterkapiteln werden Eigenschaften von Extrudaten vorgestellt, die mit dem Binder Pural SB hergestellt wurden. Der Binder Pural SB weist ein schmales Maximum bei 4 nm auf, während der Binder Pural SB1 ein etwas breiteres Maximum bei 7 nm besitzt. Die Poren des Binders finden sich in der Porenradienverteilung der Extrudate wieder, wie den Abbildungen 8.7 und 8.9 (I) zu entnehmen ist.

Der Binder Pural SB wandelt sich beim Kalzinieren unter Wasserabspaltung in die γ-Modifikation um. Dabei bilden sich Lewis-Säure-Zentren und Brønsted-Säure-Zentren aus. Etwa 5 % der sauren Zentren sind Brønsted-Säuren. Nach Guillaume et al. (1997) sind nur 1 – 10 % der sauren Zentren katalytisch aktiv. Die katalytische Aktivität beruht hauptsächlich auf den Lewis-Säure-Zentren.

Ergänzend zu den Rasterelektronenmikroskop-Aufnahmen zu dem Vorläufer sind in Abbildung 8.5 Rasterelektronenmikroskop-Aufnahmen (REM) der Bruchfläche eines Extrudates bei 500facher (I) und 50000facher (II) Vergrößerung dargestellt.

8.3   Einfluss der Zusammensetzung auf die physikalisch-chemischen Eigenschaften der kalzinierten, nicht reduzierten Katalysatoren

In Abbildung 8.6 (I) sind die spezifische Gesamtoberfläche und die spezifische Kupferoberfläche als Funktion des Massenanteils b aufgetragen. Die spezifische Gesamtoberfläche nimmt mit zunehmendem Massenanteil b deutlich ab. Extrapoliert man den Massenanteil b $\rightarrow$ 0 erhält man die spezifische Gesamtoberfläche des Binders von 332 $m^2 \cdot g^{-1}$. Extrapoliert man umgekehrt den Massenanteil b $\rightarrow$ 1 beträgt die spezifische Gesamtoberfläche des Vorläufers 27 $m^2 \cdot g^{-1}$. Die spezifischen Gesamtoberflächen als Funktion des Massenanteils können annähernd als Mischungen der Oberflächen von Vorläufer und Binder in Abhängigkeit des jeweiligen Massenanteils b betrachtet werden. Die spezifische Kupferoberfläche steigt mit zunehmendem Massenanteil b an. Der größere Kupferanteil durch den höheren Massenanteil resultiert in einer größeren spezifischen Kupferoberfläche.

Durch Integration des an den Nockenrotoren des Intensivmischers anliegenden Drehmoments über die Mischzeit erhält man den Energieeintrag, den die keramische Paste erfährt. Der Energieeintrag bewirkt die Deagglomeration des Binders und das Abscheren der Vorläuferpartikel. Durch die kleineren Partikel ergeben sich kleinere Poren in den Extrudaten und somit stabilere Extrudate, siehe Erläuterungen von Müller (2005). In Abbildung 8.6 (II) sind die Bruchkraft der Extrudate und das Drehmoment des Mischers über dem Massenanteil b aufgetragen. Die Bruchkraft und das Drehmoment sind keine direkte Funktionen des Massenanteils b, sondern des mittleren Partikeldurchmessers. Dieser ist während des Mischvorgangs nicht feststellbar. Deswegen ist in der Abbildung der mittlere Porendurchmesser der Extrudate angegeben, der direkt mit dem mittleren Partikeldurchmesser korreliert. In der Abbildung sind der Massenanteil b und das Drehmoment als Auftragungsparameter gewählt, weil diese direkt beim Herstellungsprozess zugänglich sind und mit den eigentlichen Parametern im indirekten Zusammenhang stehen. Sowohl Drehmoment als auch erforderliche Bruchkraft steigen mit abnehmendem Massenanteil b an. Die Extrudate mit b = 0,25 haben mit einer Bruchkraft von 47 N eine sehr hohe mechanische Stabilität. Extrudate mit einer Bruchkraft kleiner 20 N benötigen Zusatzstoffe, die die mechanische Festigkeit erhöhen, um in technischen Reaktoren eingesetzt werden zu können.

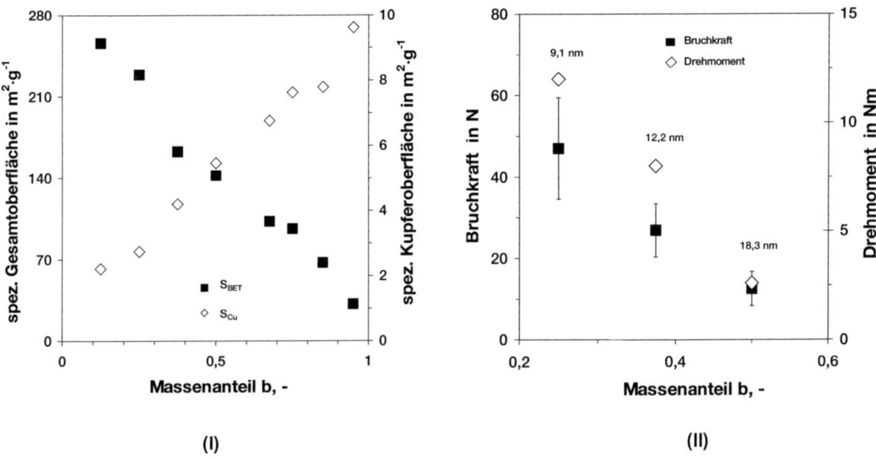

Abbildung 8.6: Spezifische Gesamt- und Kupferoberfläche (I) sowie Bruchkraft und Drehmoment (II) als Funktion des Massenanteils b von Extrudaten, deren keramische Paste einer Mischzeit von 30 min unterzogen wurde. Zusätzlich ist der mittlere Porendurchmesser angegeben.

In Abbildung 8.7 (I) ist die Porenradienverteilung aus der Quecksilberintrusion als Funktion des Porendurchmessers für drei Extrudate verschiedener Zusammensetzung gezeigt. Es ist jeweils eine bimodale Porenradienverteilung zu sehen. Das Maximum der Porenradienverteilung bei 4 nm, welches bei allen Proben auftritt, ist auf die Poren in der Agglomeratstruktur des Binders zurückzuführen. Mit zunehmendem Massenanteil b, also abnehmendem Anteil an Binder, wird die Porenanzahldichte in diesem Porenbereich geringer. Das Maximum der Porenradienverteilung im Bereich von 10 – 100 nm ist auf die Poren der Aufbauagglomerate des Vorläufers, aud die Poren, die sich durch Zusammenlagern von kleineren Vorläuferpartikel bilden und auf die Poren zwischen Binder und Vorläufer zurückzuführen. Mit zunehmendem Massenanteil b, also größerem Anteil an Vorläufer, verschiebt sich das Maximum von 10 nm zu 100 nm.

Wie zu Abbildung 8.7 (I) erläutert, wird für einen Massenanteil b = 0,5 – 0,85 eine große Makroporenanzahl erwartet. In Abbildung 8.7 (II) ist die Porenradienverteilung für Massenanteile b = 0,625 – 0,75 dargestellt, um den Massenanteil b mit der angestrebten, hohen Makroporosität zu finden. Für einen Massenanteil b = 0,7 erhält man eine große Porenanzahldichte zwischen 10 – 100 nm. Für b = 0,725 und 0,75 verschiebt sich das Maximum der Porenradienverteilung

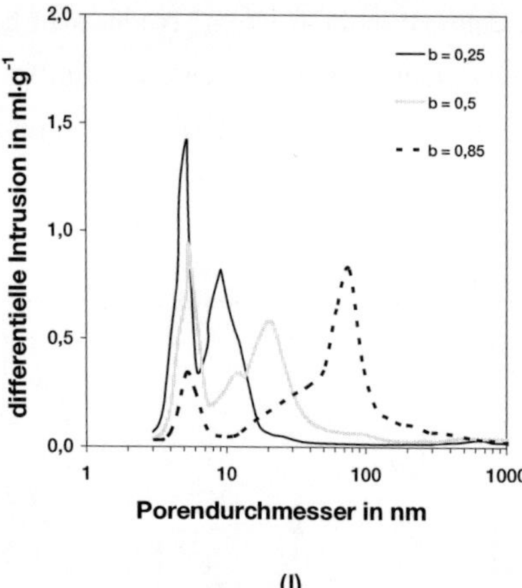
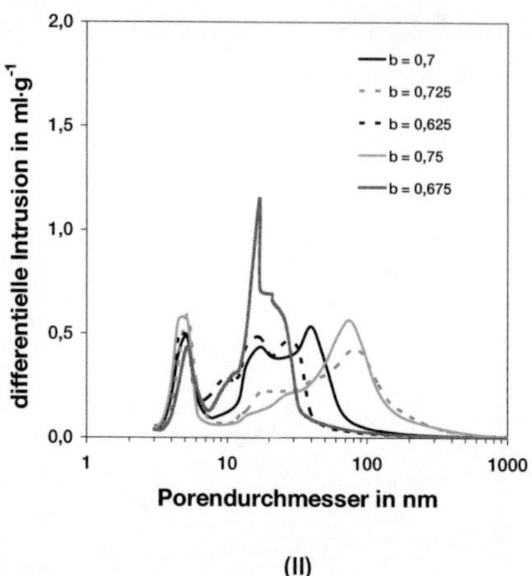

Abbildung 8.7: Porenradienverteilung der kalzinierten, nicht reduzierten Extrudate für verschiedene Massenanteile b, deren keramische Paste einer Mischzeit von 30 min unterzogen wurde. Für den gesamten Bereich des Massenanteils b (I) und für den Bereich b = 0,625 – 0,75 (II).

zu 20 – 300 nm. Das Maximum der Porenradienverteilung für b = 0,625 und 0,675 liegt bei 10 - 40 nm. Hierdurch lässt sich der interessante Bereich des Massenanteils b für einen großen Makroporenanteil auf b = 0,7 – 0,75 eingrenzen. Die Porosität der Extrudate ist in diesem Bereich mit 70 – 72 % besonders hoch. Aufgrund der größeren Poren und des geringeren Binderanteils wird die spezifische Gesamtoberfläche kleiner, ist aber mit 90 – 105 $m^2 \cdot g^{-1}$ deutlich größer als die Gesamtoberfläche von entsprechenden Tabletten, vgl. Ohlinger (2005). Die Makroporen bedingen eine geringere mechanische Stabilität, die für den Laboreinsatz völlig ausreichend ist. Für den industriellen Einsatz sollten der keramischen Paste beim Mischen stabilitätssteigernde Zusätze zugegeben werden.

8.4   Einfluss der Mischzeit

Die Mischzeit ist ein Gestaltungsparameter, der experimentell vorgegeben werden kann. Integriert man das Drehmoment, das an den Nockenrotoren des Intensivmischers aufgebracht wird, über die Mischzeit, ergibt sich der Energieeintrag, der auf die keramische Paste eingewirkt hat. Der Energieeintrag verursacht die Deagglomeration des Binders und der Vorläuferpartikel während des Mischens.

In Abbildung 8.8 (I) ist die spezifische Gesamtoberfläche und die spezifische Kupferoberfläche als Funktion der Mischzeit aufgetragen. Die spezifische Gesamtoberfläche liegt zwischen

130 - 145 $m^2 \cdot g^{-1}$ und zeigt keine signifikante Abhängigkeit von der Mischzeit. Dies liegt an der Agglomeratstruktur der Binder- und Vorläuferpartikel. Die Primärpartikel erzeugen sowohl als Agglomerat als auch gemischt im Extrudat eine ähnliche spezifische Gesamtoberfläche, unabhängig vom Deagglomerationsgrad. Die spezifische Kupferoberfläche steigt von 2,2 $m^2 \cdot g^{-1}$ bei 600 s Mischzeit auf 8,1 $m^2 \cdot g^{-1}$ bei 3600 s an. Durch die Deagglomeration bzw. das Zerbrechen der Vorläuferpartikel und deren Dispersion in der Extrudatstruktur erhöht sich die spezifische Kupferoberfläche. Die Erhöhung der spezifischen Kupferoberfläche zeigt sich nicht signifikant in der Gesamtoberfläche, da die spezifische Kupferoberfläche maximal 5 % der spezifischen Gesamtoberfläche beträgt.

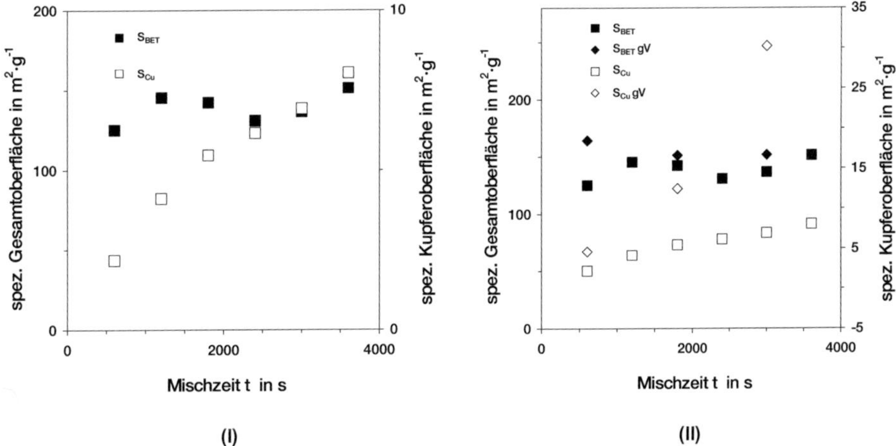

Abbildung 8.8: Spezifische Gesamt- und Kupferoberfläche der Extrudate mit einem Massenanteil b = 0,5 (I) sowie den Oberflächen der Extrudate mit gemahlenem Vorläufer (gV) als Funktion der Mischzeit, die auf die keramische Paste einwirkte (II).

Durch das Mahlen in einer Kugelmühle wurde der Feinanteil des Vorläufers gesteigert, wie in Abbildung 8.1 dargestellt ist. Unter Verwendung des gemahlenen Vorläufers bei der Herstellung sollte die spezifische Kupferoberfläche der Extrudate gesteigert werden. In Abbildung 8.8 (II) ist die spezifische Gesamtoberfläche und die spezifische Kupferoberfläche der kalzinierten Extrudate, die mit gemahlenem Vorläufer hergestellt wurden, dargestellt. Die spezifische Gesamtoberfläche erhöht sich von durchschnittlich 140 auf etwa 155 $m^2 \cdot g^{-1}$. Es besteht auch im Fall des gemahlenen Vorläufers kein signifikanter Einfluss der Mischzeit auf die spezifische Gesamtoberfläche. Die spezifische Kupferoberfläche kann durch die kleineren Vorläuferpartikel und der daraus resultierenden besseren Dispersion in den Extrudaten deutlich gesteigert werden. Bei einer Mischzeit von 600 s steigert sich die spezifische Kupferoberfläche von 2,2 auf 4,5 $m^2 \cdot g^{-1}$, bei einer Mischzeit von 3000 s erhöht sich die spezifische Kupferoberfläche von 8,1 auf 30,2 $m^2 \cdot g^{-1}$. Die Porenradienverteilung und die Bruchkraft sind nahezu identisch zu den Extrudaten mit nicht gemahlenem Vorläufer (hier nicht gezeigt). Durch den Mahlvorgang und die Erhöhung des Feinanteils konnte selektiv die spezifische Kupferoberfläche erhöht werden.

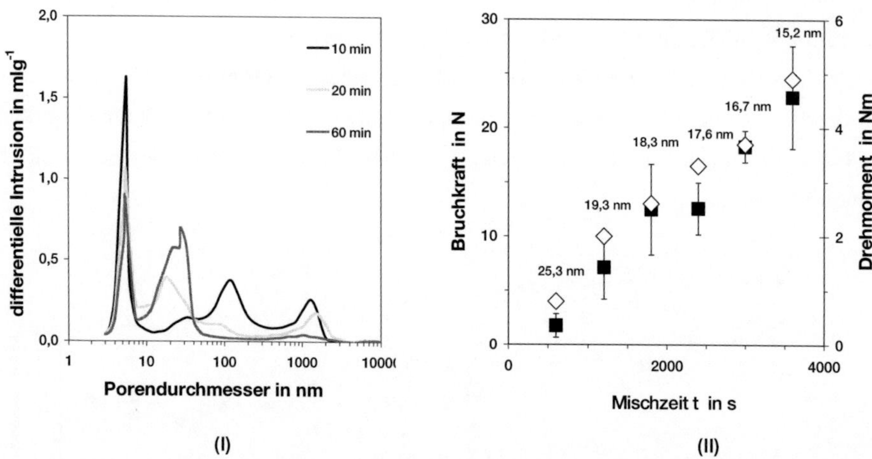

Abbildung 8.9:   Porenradienverteilung (I) sowie die Bruchkraft und das Drehmoment während des Mischens im Intensivmischer (II) der kalzinierten, nicht reduzierten Extrudate mit einem Massenanteil b = 0,5 als Funktion der Mischzeit, die auf die keramische Paste einwirkte. Zusätzlich ist der mittlere Porendurchmesser angegeben.

In Abbildung 8.9 (I) ist die aus der Quecksilberintrusion erhaltene Porenradienverteilung als Funktion des Porendurchmessers für drei Extrudate gezeigt. Durch den Energieeintrag, den die keramische Paste durch das Mischen erfährt, deagglomerieren die Partikel des Vorläufers und des Binders. Hierdurch werden kalzinierte, nicht reduzierte Extrudate mit einer Mesoporenstruktur erhalten.

In Abbildung 8.9 (II) sind die Bruchkraft der Extrudate und das Drehmoment des Mischers über der Mischzeit, der die keramische Paste während des Mischens unterzogen wurde, aufgetragen. Die Extrudate mit einer höheren Anzahl an Mesoporen sind deutlich stabiler und erreichen höhere Bruchkräfte.

8.5 Fazit

Wie aus den vorangegangen Unterkapiteln hervorgeht, ist es nicht möglich einen Katalysator mit allen in Kapitel 8.1 geforderten Eigenschaften für die Gasphasenumsetzung herzustellen. Mit den vorgestellten Ergebnissen ist es möglich einen Katalysator auszuwählen, dessen Charakterisierungsergebnisse einer geforderten Eigenschaft besonders entsprechen. So können z.B. Extrudate mit einer hohen spezifischen Kupferoberfläche, die aufgrund ihrer Mesoporosität sehr stabil sind, hergestellt werden. Oder man entscheidet sich für die Herstellung von Extrudaten mit einer hohen Makroporosität und einer hohen Gesamtporosität. Des Weiteren ist es denkbar, dass man Katalysatoren herstellt, deren Eigenschaften möglichst vielen empfohlenen Eigenschaften entsprechen. Diese Katalysatoren können dann keine Spitzenwerte einzelner Eigenschaften aufweisen und sind als Kompromisslösung aller empfohlenen Eigenschaften zu sehen. Ein solcher Katalysator würde einen Massenanteil von b = 0,7 – 0,75 aufweisen und dessen keramische Paste würde einer Mischzeit von 30 Minuten unterzogen werden.

9 Zusammenfassung

Im Rahmen der vorliegenden Arbeit wurde die einstufige Gasphasenumsetzung von Dimethylmaleat zu Tetrahydrofuran an Cu/ZnO/γ-Al$_2$O$_3$-Extrudaten untersucht. Dabei lagen die Schwerpunkte auf der Charakterisierung des Katalysatorsystems, der Beschreibung der Reaktionskinetik basierend auf kinetischen Messungen und der Prozessintensiverung.

Der Arbeit vorangestellt ist eine Literaturübersicht, die die historische Entwicklung und den aktuellen Stand der Technik der bekannten industriellen Syntheserouten zusammenfasst. Darüber hinaus sind die wesentlichen Erkenntnisse der Katalysatorforschung für die Hydrierung von Maleinsäure sowie deren Derivaten zusammengetragen.

Für die Gasphasenumsetzung von Dimethylmaleat zu Tetrahydrofuran wurden bifunktionelle Katalysatoren aus Cu/ZnO/γ-Al$_2$O$_3$ in Form von Extrudaten hergestellt. Hierzu wurde mittels halbkontinuierlicher Simultanfällung einer äquimolaren Kupfer-/Zinknitratlösung der Vorläufer CuCO$_3$/ZnCO$_3$ gewonnen. Anschließend wurde der Vorläufer mit dem Binder Pural SB und dem Plastifizierhilfsmittel Hydroxyethylcellulose in einem Intensivmischer gemischt und die keramische Paste mittels Einstrangkolbenextruder in Form gebracht. Die Extrudatstränge wurden nach dem Trocknen in kleine Zylinder gebrochen, kalziniert und für die reaktionstechnischen Messungen *in situ* reduziert.

Die Extrudate mit einem Massenanteil b = 0,5, deren keramische Paste einer Mischzeit von 10 Minuten unterzogen war, wiesen einen großen Anteil an Makroporen auf und wurden für die reaktionstechnischen Messungen ausgewählt.

Für die kinetischen Messungen wurden die Temperatur zwischen 180 °C und 240 °C, der Druck zwischen 10 und 40 bar und das Wasserstoff/Ester-Verhältnis zwischen 50 und 250 variiert. Es konnte experimentell gezeigt werden, dass sich das Wasserstoff/Ester-Verhältnis deutlich reduzieren lässt. So ist es möglich, die Reaktion bei 200 °C mit einem Wasserstoff/Ester-Verhältnis von 100 und bei 220 °C mit einem Wasserstoff/Ester-Verhältnis von 50 durchzuführen.

1,4-Butandiol dehydratisierte in allen Messungen zu Tetrahydrofuran, so dass 1,4-Butandiol nicht oder nur in geringen Spuren nachgewiesen werden konnte. Dabei zeigte sich eine Temperatur- und Druckabhängigkeit. Je größer der Druck und je geringer die Temperatur, desto größer war die detektierte Stoffmenge von 1,4-Butandiol. Das Gleichgewicht zwischen γ-Butyrolacton und 1,4-Butandiol konnte sich aufgrund der permanenten Störung der Dehydratisierung von 1,4-Butandiol an den sauren Zentren des bifunktionellen Katalysators nicht einstellen.

Mit zunehmender Temperatur nahm der Ester-Umsatz deutlich zu und im Umsatzbereich von 20 – 95 % stieg die Selektivität zu Tetrahydrofuran an. Die Variation des Druckes hatte keinen

Einfluss auf den Ester-Umsatz. Bei einem Druck von 10 bar zeigte sich über einen großen Umsatzbereich eine hohe Reaktorselektivität zu γ-Butyrolacton und entsprechend umgekehrt eine geringe Reaktorselektivität zu Tetrahydrofuran.

Mit abnehmendem Wasserstoff/Ester-Verhältnis verringerte sich der Ester-Umsatz. Hierzu wurde in weiteren Messungen selektiv die Wasserstoff-Konzentration durch Zudosieren des Inertgases Helium variiert. Dabei zeigte sich, dass die Umsatzabnahme trotz des mehr als zehnfachen stöchiometrischen Überschusses und entgegen bekannter Literaturangaben allein von der geringeren Wasserstoff-Konzentration abhängt. Des Weiteren beeinflusste die geringere Wasserstoff-Konzentration die Selektivität zu γ-Butyrolacton und Tetrahydrofuran. Über einen Umsatzbereich von 20 – 95 % stieg die Selektivität zu γ-Butyrolacton mit abnehmender Wasserstoff-Konzentration.

Bei allen untersuchten Reaktionsbedingungen sank die Selektivität zu γ-Butyrolacton auf 0 % gegen Vollumsatz, während eine Selektivität von 100 % für Tetrahydrofuran erreicht wurde. Die bevorzugte Prozessführung wird in diesem Fall immer Vollumsatz anstreben, da damit Tetrahydrofuran-Ausbeuten von nahezu 100 % erreichbar sind.

Die wichtigsten ablaufenden Reaktionen konnten mit einem mathematischen Modell, basierend auf einem vereinfachten Reaktionsnetzwerk und auf Geschwindigkeitsgesetzen mit Ansätzen erster Ordnung in den organischen Spezies, annähernd beschrieben werden. Das Reaktionsnetzwerk enthielt die Komponenten Dimethylsuccinat, γ-Butyrolacton, 1,4-Butandiol, Tetrahydrofuran, Wasser, Methanol und Dimethylether. Zum ersten Mal wurde die Wasserstoff-Konzentration beim Aufstellen der Potenzansätze für die Reaktionsgeschwindigkeiten mit einer Teilordnung von 0,2 - 0,3 berücksichtigt. Das formalkinetische Modell ist nicht geeignet, um die Reaktionskinetik der Gasphasenumsetzung von DMM zu THF zufriedenstellend zu beschreiben. Die quantitativen Abweichungen der Konzentrationen, die mithilfe der Kinetikparamter berechnet wurden, von den gemessenen Konzentrationen sind zu groß.

Die Nebenprodukte Propanol, Butanol und Butan wurden in einigen Messungen in geringen Spuren nachgewiesen. Es konnte hierbei keine signifikante Abhängigkeit von den Reaktionsbedingungen gefunden werden. Allein Methanol, das bei der Umsetzung von Dimethylsuccinat zu γ-Butyrolacton abgespalten wurde, reagierte an den sauren Zentren des γ-Al$_2$O$_3$ zu Dimethylether. Dies geschah mit zunehmender Temperatur vermehrt, wobei bei 240 °C ein Molanteil von etwa 3 % erreicht wurde. Die Ausbeute an Tetrahydrofuran wird dadurch nicht vermindert. Der Methanolverlust betrifft im technischen Prozess die Rückführung zur Veresterung, bei der Methanol zwischen Hydrierreaktor und Veresterungskolonne im Kreislauf geführt wird.

In einem weiteren Schritt wurde die Abhängigkeit der Tetrahydrofuran-Ausbeute von den Reaktionsbedingungen beschrieben. Mit zunehmender Temperatur und höherem Druck steigt die

Tetrahydrofuran-Ausbeute an. Die erzielbare Katalysatorbelastung und damit verbunden die THF-RZA kann in 20 °C-Intervallen ungefähr jeweils verdoppelt werden. Die Erhöhung der Reaktionstemperatur intensiviert die Gasphasenumsetzung von DMM zu THF deutlich. Dabei zeigte sich für höhere Drücke kein proportionaler Anstieg der Ausbeute. Unter Berücksichtigung der steigenden Betriebskosten bei höheren Drücken, gilt es, ein Optimum zwischen Betriebskosten und Ausbeute zu finden. Die höchste Tetrahydrofuran-Raum-Zeit-Ausbeute, die in dieser Arbeit erzielt werden konnte, betrug bei 0,511 $kg_{THF} \cdot h^{-1} \cdot kg_{Kat}^{-1}$ bei 240 °C, 40 bar und einem H_2/Ester-Verhältnis von 50.

Da sich durch Änderung der Reaktionstemperatur und des -druckes die Selektivität zum Zielprodukt nicht ändert und keine nennenswerten Nebenproduktmengen entstehen, könnte in der industriellen Anwendung über die moderate Anpassung der Betriebsbedingungen auf Nachfrageschwankungen reagiert werden, sofern dies die Anlagenauslegung zulässt.

Ferner wurde die Wahrscheinlichkeit der in Betracht kommenden Polyester- und Polymerbildungsreaktionen eingeschätzt. Die Polyesterbildung aus Dimethylsuccinat und 1,4-Butandiol an Kupfer/Zinkoxid-Katalysatoren wurde bisher als wahrscheinlichste Polyesterbildungsreaktion angesehen. Aufgrund der Dehydratisierung von 1,4-Butandiol an dem bifunktionellen Katalysator ist diese Reaktion nun weniger wahrscheinlich. Insbesondere bei niedrigen H_2/Ester-Verhältnissen sollte die Kohlenstoffbilanz als erstes Indiz für die unerwünschte Polyesterbildung sorgfältig beobachtet werden, weil die Polyesterbildung von DMS und BDO nicht vollständig ausgeschlossen werden kann. Die Polymerisierung von Tetrahydrofuran zu Poly(tetramethylenoxid) ist unter den Reaktionsbedingungen der Gasphasenumsetzung von Dimethylmaleat auszuschließen. Als wahrscheinlich ist die Polymerisation von Dimethylfumerat, dem trans-Isomer von Dimethylmaleat, anzusehen. Zum einen kommt es als Verunreinigung im Edukt vor und bildet sich durch Isomerisierung unter Reaktionsbedingungen. Zum anderen stimmen die Reaktionsbedingungen der Gasphasenumsetzung mit denen der Polymerisation überein. Die Kondensation von Dimethylfumerat im Prozess sollte vermieden werden, denn diese geht der Polymerisation, die nur in der Flüssigphase bekannt ist, voraus.

Eine Vielzahl von Extrudaten wurden mittels Stickstoff- und Lachgasadsorption, Quecksilberporosimetrie- und Bruchkraftmessung charakterisiert. Darüber hinaus wurde die Partikelgrößenverteilung des Vorläufers bestimmt und Rasterelektronenmikroskop-Aufnahmen sowohl der Vorläufer als auch der Extrudate angefertigt. Auf diese Weise wurde das Katalysatorsystem analysiert, um zu zeigen, welche von der Literatur empfohlenen Eigenschaften bei der Herstellung erreicht werden können.

Es zeigte sich, dass die physikalisch-chemischen Eigenschaften der Extrudate hauptsächlich durch die Gestaltungsparameter Zusammensetzung in Form des Massenanteils b und des Energieeintrages beim Mischen beeinflusst werden. Für einen Massenanteil b = 0,5 – 0,85 werden eine hohe Porosität und eine Porentextur mit einem großen Anteil an Makroporen erreicht. Die Extrudate mit einem Massenanteil b < 0,5 sind aufgrund der höheren Anzahl an Mesoporen stabiler, besitzen aber weniger aktive Kupferzentren. Bei einem Massenanteil b > 0,85 sind die Extrudate zu instabil und würden wahrscheinlich die Dehydratisierung von BDO zu THF nicht ausreichend katalysieren. Ein hoher Energieeintrag beim Mischen der keramischen Paste bewirkt einen hohen Deagglomerisierungsgrad des Vorläufers und des Binders. Dadurch erhält man Extrudate mit vielen Mesoporen und einer guten Dispersion der katalytisch aktiven Zentren. Das Mahlen des Vorläufers bewirkt eine Reduktion des mittleren Partikeldurchmessers und resultiert in einer größeren spezifischen Kupferoberfläche.

Es ist nicht absehbar, ob die Gasphasenumsetzung von Dimethylmaleat zu Tetrahydrofuran industriell einstufig durchgeführt werden wird. Im Rahmen dieser Arbeit konnte gezeigt werden, dass durch Einsatz des bifunktionellen Katalysators und unter Berücksichtigung der richtigen Betriebsbedingungen die Umsetzung von Dimethylmaleat bei deutlich reduziertem H_2/Ester-Verhältnis sicher in einer Reaktionsstufe durchgeführt werden kann.

10 Summary

In the present study the single stage gas phase hydrogenation of dimethyl maleate to tetrahydrofuran on Cu/ZnO/γ-Al$_2$O$_3$-extrudates was investigated. The main issues were the characterization of the catalyst, kinetic modelling based on kinetic measurements and the process intensification.

A literature abstract is prefixed this study, which summarizes the historic development and the state of the art of the industrial synthesis. Furthermore the important knowledge of the catalyst research for the hydrogenation of maleic acid is assembled.

Bi-functional Cu/ZnO/γ-Al$_2$O$_3$-catalyst was produced as extrudate for the gas phase hydrogenation of dimethyl maleate to tetrahydrofuran. Precipitated Cu/ZnO with an atomic Cu/Zn ratio of 1:1 were obtained by dropwise mixing of aqueous Na$_2$CO$_3$ solution and solution of copper and zinc nitrates. Afterwards the precursor was mixed with plastifier and binder boehmite in a rheo-kneader and the paste was formed to cylindrical greenbodies in a piston extruder. The dried catalyst was brocken into small zylinders, calcinated and in situ reduced for the kinetic measurments.

The extrudates with a paste composition of 0,5 and a mixing time of ten minutes of the ceramic paste showed a high yield of macropores and were chosen for kinetic measurements.

The kinetic measurements were carried out at temperatures between 180 – 240 °C, pressures between 10 – 40 bar and hydrogen/ester-ratio between 50 – 250. Specially the hydrogen/ester-ratio could be reduced significantly, which was validated by the processing experiments. The dehydration of 1,4-butanediol to tetrahydrofuran proceeded very fast, so that 1,4-butanediol was not detected in every measurement or only in small amounts. Thereby a dependency of temperature and pressure was identified. The higher pressure and the lower temperature the bigger was the detected amount of 1,4-butanediol. On account of the permanent disturbance by the dehydration of 1,4-butanediol at acid sites of the bi-functional catalyst the equilibrium between γ-butyrolactone and 1,4-butanediol could not be achieved.

With the increasing temperature the dimetyl maleate conversion rises. The selectivity to tetrahydrofuran increases for conversion between 20 – 95 %. The variation of the pressure did not influence the dimethyl maleate conversion. Only at a pressure of 10 bar the selectivity to γ-butyrolactone was higher over a wide range of the conversion.

A decrease of the hydrogen/ester-ratio leads to a lower conversion of dimetyhl maleate. For this the concentration of hydrogen was variied by dosing inert gas helium in further measurements. It was evidently shown that the reduction of dimethyl maleate conversion only depends on the lower hydrogen concentration despite of ten times stoichiometric excess. In addition the lower hydrogen concentration influenced the selectivities to γ-butyrolactone and tetrahydrofuran. For a conversion between 20 – 95 % the selectivity to γ-butyrolactone increases with decreasing hydrogen concentration.

For all reaction parameters the selectivity to γ-butyrolactone shows high values at low conversion, decreases by increasing conversion and reaches zero at full conversion. The selectivity to tetrahydrofuran reaches 100 % at full conversion. The preferred process managmement would aim full conversion in this case to achieve tetrahydrofuran yields of almost 100 %.

In some measurements the by-products propanol, butanol and butane were detected in small amounts. Therefore no significant dependency on the reaction parameters could be found. Specially methanol builded in the conversion of dimethyl succinate to γ-butyrolactone reactet to dimethyl ether at the acid sites of the γ-Al_2O_3. Increasing temperature promoted the reaction so that a mole-fraction of about 3 % could be achieved at 240 °C. This did not affect the yield of tetrahydrofuran. The deficit in methanol addresses the inner process recirculation for the esterification at which the methanol is conducted between the hydrogenation reactor and the esterification column.

The kinetics of the most important reactions can almost described using a mathematical model comprised of a simplified reaction network and potential rate expressions with first order in organic species. The simplified reaction network contains the substances dimethyl sucinate, γ-butyrolactone, 1,4-butanediol, tetrahydrofuran, water, methanol and dimethyl ether. The exponent of the hydrogen concentration was determined by 0,2 – 0,3. In opposite of the common opinion the hydrogen concentration has to be taken in account as a result of the kinetic measurements. The proposed model was not suitable to describe the gasphase hydrogenation of dimethyl maleate successfully. The difference between concentrations, which fitted by kinetic parameters, and measured concentrations, was too high.

In a further step the dependency between the tetrahydrofuran yield and the reaction conditions was described. Increasing temperature and high pressure rise the yield of tetrahydrofuran. Thereby no proportional increase of the yield rising the pressure was regarded. Taking in account the higher processing costs at higher pressures an optimum between processing costs and yield should be found.

As there is no change in selectivity to tetrahydrofuran and γ-butyrolactone and the product composition variing the reaction temperature and pressure it is possible to react on variation in demand. The highest STY of THF, which was yield in this study, mount 0,511 $kg_{THF} \cdot h^{-1} \cdot kg_{cat}^{-1}$ at 240 °C, 40 bar and H_2/ester ratio of 50.

The probability of the possible polester and polymerisation reactions was assumed. The formation of polyesters by dimethyl succinate and 1,4-butanediol at the copper-/zincoxide catalysts was the most probable reaction as yet. As the dehydration of 1,4-butanediol at the bi-functioal catalyst, this reaction could be seen as improbable by now. The polymerisation of tetrahydrofuran could be excluded at the regarded reaction parameters of the gas phase hydrogenation of dimethyl maleate. The polymerisation of dimethyl fumarate, the trans isomer of dimethyl maleate, is the most probable reaction. On the one hand dimethyl fumarate is an impurity in the educt and it is built by isomerisation at reaction conditions. On the other hand the reaction conditions of the gas phase hydrogenation match them of the polymerisation.

The extrudates were characterized by nitrogen- and nitrous oxide-adsorption, mercury intrusion and crush strength. In addition particle size distribution of the precursor was determined and scanning electron micrograph pictures were done. The object was to investigate, which by literature recommended characteristis could be achieved by catalyst producing.

The characteristic of the extrudates could be mainly influenced by the paste composition and the input of energy by the mixing time. For a paste composition b = 0,5 – 0,85 a high porosity and a pore texture with an high yield of macropores was achieved. The extrudates with a paste composition lower 0,5 are more stable because of the higher quantity of mesopores, but contain less active copper sites. For a paste composition higher than 0,85 the extrudates are unstable and would insufficiently catalyze the dehydration of 1,4-butanediol to tetrahydrofuran. A high energy input leads to a high level of deagglomeration of the precursor and binder. Extrudates with many mesopores and a good dispersion of catalytic active sites are received. Milling the precursor causes a reduction of mean particle diameter and results in a bigger specific copper surface.

By now it is not clear if the single stage gas phase hydrogenation of dimethyl maleate to tetrahydrofuran will be industrial employed. In this study it was shown that the conversion of dimethyl maleate by reduced hydrogen/ester-ratio can be safely executed in single stage by using the bi-functional catalyst as well as considering the right reaction conditions.

Literaturverzeichnis

Abello, M.C., Velasco, A. P., Gorriz, O.F. und Rivarola, J.B. (1995):
Temperatur-programmed desorption study of the acidic properties of γ-alumina.
Applied Catalysis, Bd. 129, S. 93 – 100.

Ackman, R.G. (1964):
Fundamentel-Groups in the Response of Flame Ionization Detectors to Oxiginated Hydro-carbons.
Journal of Gas Chromatography, Bd. 2, S. 173 – 179.

Arpe, H.-J. (2010):
Industrial Organic Chemistry.
Wiley, Weinheim.

Backes, A. F., Hiles, A. G. und Sutton, D. M. (2009):
Process for the production of ethers.
US Patent 7,598,404.

Baerns, M., Behr, A., Brehm, A., Gmehling, J., Hoffman, H. und Onken, U. (2006):
Technische Chemie.
Wiley VCH Verlag, Weinheim.

BASF-AG (2011a):
BASF Bericht 2010 - Ökonomische, ökologische und gesellschaftliche Leistung.
http://www.basf.com/group/corporate/de/function/conversions:/publish/content/about-basf/facts-reports/reports/2010/BASF_Bericht_2010.pdf (11.07.2011), S. 48.

BASF-AG (2011b):
THF Solutions - Erweitertes Tetrahydrofuran-Angebot für Pharma-Kunden in Europa.
http://www.intermediates.basf.com/chemicals/web/de/function/conversions:/publish/content/news-and-publications/brochures/download/BASF_THF_Broschuere.pdf
(12.08.2011), S. 3.

Berufsgenossenschaft d. chemischen Industrie, Berufsgenossenschaft (2005):
Toxikologische Bewertung von γ-Butyrolacton.
ISSN 0937-4248, Bd. 7.

BioAmber (2010):
Bioamber Commissions Worlds First Renewable Succinic Acid Plant.
http://www.bio-amber.com/media.html (25.05.2011).

Boeck, S., Herzog, K., Fischer, R., Vogel, H. und Fischer, M. (1994):
Verfahren zur Herstellung von 3,4-Epoxy-1-buten.
DE Patent 42 41 942.

Borchert, H., Schlitter, S., Fischer, R.-H., Rösch, M., Stein, F., Rahn, R.-T. und Weck, A. (2002a):
Schalenkatalysator für die Hydrierung von Maleinsäureanhydrid und verwandten Verbindungen zu γ-Butyrolacton und Tetrahydrofuran und Derivaten davon.
WO Patent 02/47815.

Borchert, H., Schlitter, S., Fischer, R. H., Rösch, M., Stein, F., Rahn, R. T., Weck, A. und Keibel, G. (2002b):
Verfahren zur Hydrierung von Maleinsäureanhydrid und verwandten Verbindungen in zwei hintereinandergeschalteten Reaktionszonen.
DE Patent 100 61 557 A1.

Borchert, H., Schlitter, S., Hesse, M., Stein, F., Fischer, R.-H., Rahn, R.-T., Weck, A. und Rösch, M. (2002c):
Verfahren zur Hydrierung von Maleinsäureanhydrid und verwandten Verbindungen in einem Wirbelschichtreaktor.
DE Patent 100 61 558 A1.

Borchert, H., Schlitter, S. und Rösch, M. (2002d):
Poröser Katalysator für die Hydrierung von Maleinsäureanhydrid zu Tetrahydrofuran.
DE Patent 100 61 553 A1.

Brunauer, S., Emmett, P. H. und E., Teller (1938):
Adsorption of Gases in Multimolecular Layers.
Journal of the American Chemical Society, Bd. 60, S. 309 – 319.

Budge, J. R., Attig, T. G. und Graham, A. M. (1993):
Two-stage maleic anhydride hydrogenation process for 1,4-butanediol synthesis.
US Patent 5,106,602.

Carberry, J. J. (2001):
Chemical and Catalytic Reaction Engineering.
Dover Publications, Dover.

Castiglioni, G., Fumagalli, C., Lancia, R., Messori, M. und Vaccari, A. (1993):
Improved copper chromite catalysts for the hydrogenation of maleic anhydride to γ-butyrolacton.
Chemistry and Industry, S. 510 – 511.

Castiglioni, G.L., Fumagalli, C. A., Lancia, R. und Messori, M.and Vaccari, A. (1994a):
Vapour Phase Hydrogenation of Maleic Anhydride to γ-Butyrolactone
1. Role of Catalyst Composition.
Erdöl & Kohle, Erdgas, Petrochemie, Bd. 47(4), S. 146 – 149.

Castiglioni, G.L., Fumagalli, C. A., Lancia, R., Messori, M. und Vaccari, A. (1994b):
Vapour Phase Hydrogenation of Maleic Anhydride to γ-Butyrolactone
2. Role of Reaction Parameters.
Erdöl & Kohle, Erdgas, Petrochemie, Bd. 47(9), S. 337 – 341.

Castiglioni, G.L., Guercio, A., Messori, M. und Vaccari, A. (1995):
Vapour Phase Hydrogenation of Maleic Anhydride to γ-Butyrolactone
3. Reaction Pathway and New Catalyst Composition.
Erdöl & Kohle, Erdgas, Petrochemie, Bd. 48(4-5), S. 174 – 178.

Castiglioni, G.L., Ferrari, M., Guercio, A., Vaccari, A., Lancia, R. und Fumagalli, R. (1996):
Chromium-free catalysts for selective vapor phase hydrogenation of maleic anhydride to γ-butyrolactone.
Catalysis Today, Bd. 27, S. 181 – 186.

Chen, L.-F., Guo, P.J., Zhu, L.-J., Qiao, M.H., Shen, W., Xu, H.-L. und Fan, K.-N. (2009):
Preparation of Cu/SBA-15 catalysts by different methods for the hydrogenolysis of dimethyl maleate to 1,4-butanediol.
Applied Catalysis, Bd. 356, S. 129 – 136.

Chilton, T.H. und Colburn, A. P. (1934):
Mass transfer coefficients prediction from data on heat transfer and fluid friction.
Ind. Eng. Chem., Bd. 26, S. 1183–1187.

Chinchen, G.C., Hey, C.M., Vandervell, H. D. und Waugh, K.C. (1987):
The Measurement of copper surface areas by Reactive frontal Chromatography.
Journal of Catalysis, Bd. 103, S. 79 – 86.

Dairen (07.12.2011):
History.
www.dcc.com.

Datta, R. (1992):

Process for the production of Succinic Acid by Anaerobic Fermentation.
U.S. Patent 5,143,833.

Davy (2000):

Shengli Butandiol Plant: Keyfeatures.
http://www.davyprotech.com/Default.aspxacid=504 (24.05.2011).

Davy (2011):

Butanediol and Co-Products.
http://www.davyprotech.com/pdfs/Butanediol%20and%20Derivatives.pdf (12.08.2011).

Davy-Process-Technology (2011):

Butanediol and THF Project Profiles.
http://davyprotech.com/default.aspx?cid=474 (14.07.2011).

Deutsch, E. und Lippert, H.-D. (2010):

Kommentar zum Arzneimittelgesetz (AMG).
Springer, Bd. Berlin, S. 64 – 66.

Ding, G., Zhu, Y., Zheng, H., Zhang, W. und Li, Y. (2010):

Study on the reaction pathway in the vapor-phase hydrogenation of biomass-derived diethyl succinate over CuO/ZnO catalyst.
Catalysis Communications, Bd. 11, S. 1120 – 1124.

Dunlop, A. P. (1951):

Production of furfural.
US Patent 2,536,732.

Dunlop, A. P. und Huffmann, G. W. (1966):

Process for producing furan by decarbonylating furfual.
US Patent 3,257,417.

Faraj, M. K. (1993):

Alkylene oxide isomerization process and catalyst.
US Patent 5,262,371.

Fischer, M. (1991):

Verfahren zur Herstellung von 2,5-Dihydrofuranen.
DE Patent 39 26 147.

Fischer, R. und Pinkos, R. (1996):
Verfahren zur Herstellung von 1,4-Butandiol und Tetrahydrofuran aus Furan.
WO Patent 96/29322.

Fischer, R., Frank, J., Merger, F. und Weyer, H. J. (1990):
Verfahren zur Herstellung von Butandiol-1,4 und Tetrahydrofuran.
DE Patent 39 09 485.

Fischer, R.-H., Stein, F., Pinkos, R., Hesse, M., Sprague, M., Rösch, M., Borchert, H., Schlitter, S., Rahn, R.-T. und Weck, A. (2002):
Verfahren zur Herstellung von Tetrahydrofuran.
DE Patent 100 61 556 A1.

Freiding, J. (2009):
Extrusion von technischen ZSM-5-Kontakten und ihre Anwendung im MTO-Prozess.
Dissertation, Universität Karlsruhe (TH).

Frost und Sullivan (2009):
Strategic analysis of the worldwide market for biorenewable chemicals.
http://www.chemicals.frost.com.

Gräfje, H. (2005):
Butanediols, Butenediol and Butyndiol.
Industrial Organic Chemicals: Starting Materials and Intermediates, Ulmann´s Encyclopedia, Bd. 2, Wiley-VCII, Weinheim.

Guillaume, D., Gautier, S., Despujol, I., Alario, F. und Beccat, P. (1997):
Characterization of acid sites on γ-alumina and chloineted γ-alumina by PNMR of adsorbed trimethylphosphine.
Catalysis Letters, Bd. 43, S. 213 – 218.

Guo, P. J., Chen, L. F., Yan, S. R., Dai, W. L., Qiao, M. H., Xu, H. L. und Fan, K. N. (2006):
One-step hydrogenolysis of dimethyl maleate to tetrahydrofuran over chromium-modified CuB-Al_2O_3 catalysts.
Journal of Molecular Catalysis, Bd. 256, S. 164 – 170.

Haas, T., Jaeger, B., Weber, R., Mitchell, S.F. und King, C.F. (2005):
New diol processes: 1,3-propanediol and 1,4-butanediol.
Applied Catalysis, Bd. 280, S. 83 – 88.

Harrison, G. E., Scarlett, J., Wood, M. A. und McKinley, D. H. (1990):
Process and apparatus.
WO Patent 90/08127.

Hermann, R.G., Klier, K., Simmons, G.W., Finn, B.P. und Bulko, J.B. (1979):
Catalytic Synthesis of Methanol from CO/H$_2$
1. Phase Composition, Electronic Properties, and Activities of the Cu/ZnO/M$_2$O$_3$ Catalysts.
Journal of Catalysis, Bd. 56, S. 407 – 429.

Herrmann, U. und Emig, G. (1997):
Liquid Phase Hydrogenation of Maleic Anhydride and Intermediates on Copper-Based and Noble Metal Catalysts.
Ind. Eng. Chem. Res, Bd. 36, S. 2885 – 2896.

Hesse, M., Schlitter, S., Borchert, H., Schubert, M., Rösch, M., Bottke, N., Fischer, R.-H., Weck, A., Windecker, G. und Heydrich, G. (2003):
Verfahren zur Herstellung von 1,4-Butandiol.
WO Patent 03/104174.

Hiles, A. G. und Tuck, M. W. (1994):
Process for Preparing Tetrahydrofuran.
U.S. Patent 5,310,954.

Hiles, A. G., Pinner, M. W. und Tuck, M. (1993):
Hydrogenation Process.
U.S. Patent 5,254,758.

Hoydonckx, H. E., Van Rhijn, W. M., W., Van Rhijn, De Vos, D. E. und Jacobs, P. A. (2007):
Furfural and Derivatives.
Industrial Organic Chemicals: Starting Materials and Intermediates,
Ulmann´s Encyclopedia, Wiley-VCH, Weinheim.

Hutchenson, K. T. und Sengupta, S. V. (2010):
Hydrogenation Process for the Preparation of Tetrahydrofuran and Alkylated Derivatives Thereof.
WO Patent 2010/117986.

ICIS (2011):
Analysis of Chemical Markets.
Chemical Business, Bd. 280 No.13.

ISP-Marl (2011):
Kapazität.
http://www.isp-marl.de/index.php?option=com_content&view=article&id=67&Itemid=73
&lang=de (11.07.2011).

Kahlich, D., Wiechern, U. und Lindner, J (2000):
Propylene Oxide.
Industrial Organic Chemicals: Starting Materials and Intermediates,
Ulmann´s Encyclopedia, Wiley-VCH, Weinheim.

Kapteijn, F. und Moulijn, J. A. (2008):
Handbook of Heterogeneous Catalysis, 2.Auflage, Band 4,
Kap. 9.1 Laboratory Catalytic Reactors: Aspects of Catalyst Testing.
Wiley-VCH Verlag, Weinheim, Germany, S. 2019 – 2045.

Kippax, J.R. und Rathmell, C. (1989):
Process for the production of Dialkyl Maleates.
U.S. Patent 4,795,824.

Küksal, A., Klemm, E. und Emig, G. (2000):
Single-stage liquid phase hydrogenation of maleic anhydride to γ-butyrolacton,
1,4-butanediol and tetrahydrofurane on Cu/ZnO/Al$_2$O$_3$.
Studies in Surface Science and Catalysis, Bd. 130, S. 2111 – 2116.

Küksal, A., Klemm, E. und Emig, G. (2002):
Reaction kinetics of the liquid-phase hydrogenation of succinic anhydride on CuZnO-
catalysts with varying copper-to-zinc ratios in a three-phase slurry reactor.
Applied Catalysis, Bd. 228, S. 237 – 251.

Kouba, J. K. und Snyder, R. B. (1987):
Coproduction of Butandiol and Tetrahydrofuran and their subsequent separation from the
reaction product mixture.
U.S. Patent 4,656,297.

Kraushaar-Czarnetzki, B. und Müller, S. P. (2009):
Synthesis of Solid Catalysts, Ed. K. P. de Jong, Kap. 9.1.
Wiley-VCH, Weinheim.

Lahcini, M., Yashiro, T., Simon, P. und Kricheldorf, H. R. (2010):
Syntheses of Poly(butylene succinate) by Means of Non-Toxic Catalysts.
J. of Macromolecular Science, Part A: Pure and Applied Chemistry, Bd. 47, S. 503 – 509.

Lohbeck, K., Haferkorn, H., Fuhrmann, W. und Fedtke, N. (2000):
Maleic and Fumaric Acids.
Industrial Organic Chemicals: Starting Materials and Intermediates,
Ulmann´s Encyclopedia, Wiley-VCH, Weinheim.

LyondellBasell (2011):
2010 - Annual Report.
http://www.lyondellbasell.com/NR/rdonlyres/FDD4D8B1-EEDD-4EEB-B502-
4E4BA832DA99/0/LYondellBasell2010AnnualReportFINAL.pdf (14.07.2011), S. 22.

MacKenzie, P. B., Kanel, J. S., Falling, S. N. und Wilson, A. K. (1999):
*Process for the preparation of 2-Alkene-1,4-diols and
3-Alkene-1,2-diols from γ, δ-epoxyalkenes.*
US Patent 5,959,162.

Manly, D. G und O'Halloran, J. P. (1965):
Process of producing furan.
US Patent 3,223,714.

Matsumotu, M. (1986):
Process for continous Hydroformylation of Allyl Alcohol.
U.S. Patent 4,567,305.

McKinley, C., Fahnoe, F. und Fuller, D. L. (1955):
Ethynylation process for production of alkynols from solvated acetylene.
US Patent 2,712,560.

Mears, D. E. (1971):
Tests for Transport Limitations in Experimental Catalytic Reactors.
Industrial & Engineering Chemistry, Prozess Design and Development, Bd. 10, S. 541 – 547.

Miner, C. S. und Brownlee, H. J. (1929):
Process for manufacturing furfural.
US Patent 1,735,084.

Mitsubishi-Chemical-Corporation (2011):
Overview.
http://www.m-kagaku.co.jp/english/corporate/index.html (14.07.2011).

Miya, B., Hoshino, F. und Ono, T. (1973):
Synthesis of Tetrahydrofuran from Maleic Anhydride in the vapor phase with

bifunctional catalysts.
American Chemical Society, Bd. 18, S. 187 – 192.

Müller, H. (2011):
Tetrahydrofuran.
Industrial Organic Chemicals: Starting Materials and Intermediates, Ulmann´s Encyclopedia,
Bd. 8, S. 47 – 52, Wiley–VHC, Weinheim.

Müller, H., Toussaint, H. und Schossig, J. (1989):
Verfahren zur Herstellung von Alkanolen aus Alkinolen.
DE Patent 37 35 108.

Müller, S. P. (2005):
Einstufige Gasphasenhydrierung von Dimethylmaleat zu Tetrahydrofuran an extrudierten Kupferkontakten.
Dissertation, Universität Karlsruhe (TH).

Müller, S. P., Kucher, M., Ohlinger, C. und Kraushaar-Czarnetzki, B. (2003):
Extrusion of Cu/ZnO catalysts for the single-stage gas-phase processing of dimethyl maleate to tetrahydrofuran.
Journal of Catalysis, Bd. 218, S. 419 – 426.

Mokhtar, M., Ohlinger, C., Schlander, J. H. und Turek, T. (2001):
Hydrogenolysis of Dimethyl Maleate on Cu/ZnO/Al$_2$O$_3$ Catalysts.
Chemical Engineering & Technology, Bd. 24, S. 423 – 426.

Monnier, J. R. und Muehlbauer, P. J. (1990):
Selective monoepoxidation of olefins.
US Patent 4,897,498.

Mueller, H., Hoffmann, H., Winderl, S. und Huchler, O. H. (1985):
Verfahren zur Herstellung von cyclischen Ethern.
DE Patent 29 30 144.

Nexant (1999):
1,4-Butanediol/THF.
http://www.chemsystems.com/reports/search/docs/abstracts/98s1abs.pdf (26.05.2011).

NIST (22.09.2011):
National Institute of Standards and Technology

Thermophysical Properties of Hydrogen - NIST Chemistry WebBook.
www.nist.gov.

Ohlinger, C. (2005):
Untersuchung der einstufigen Gasphasenhydrierung von Dimethylmaleat zur Herstellung von γ-Butyrolacton, 1,4-Butandiol und Tetrahydrofuran.
Dissertation, Universität Karlsruhe (TH)Ohlinger2005.

Ohlinger, C. und Kraushaar-Czarnetzki, B. (2003):
Improved processing stability in the hydrogenation of dimethyl maleate to γ-butyrolactone, 1,4-butanediol and tetrahydrofuran.
Chemical Engineering Science, Bd. 58, S. 1453 – 1461.

Onada, T. und Yamura, A. (1975):
Process for preparing an unsaturated ester.
U.S. Patent 3,922,300.

Otsu, N., Ito, O., Toyoda, N. und Mori, S. (1981):
Polymers from 1,2-Disubstituted Ethylenic Monomers,
2a) Homopolymers from Dialkyl Fumarates by Radical Initiator.
Makromol. Chem., Rapid Commun., Bd. 2, S. 725 – 728.

Otsu, T., Ito, O. und Toyoda, S. (1983):
Polymers from 1,2-Disubstituted Ethylenic Monomers. V. Radical Polymerization of Dimethyl Maleate in the Presence or Absence of Isomerization Catalyst.
Journal of Macromolecular Science: Part A - Chemistry, Bd. A19, S. 27 – 39.

Ozer, R. (2010):
Vapor Phase Decarbonylation Process.
WO Patent 2010/071745.

Pepic, D., Nikolic, M. S. und Djonlagic, J. (2007):
Synthesis and Characterization of Biodegradable Aliphatic Copolyesters with Poly(tetramethylene oxide) Soft Segments.
Journal of Applied Polymer Science, Bd. 106, S. 1777 – 1786.

Pietsch, W. (2002):
Agglomeration Processes.
Wiley-VCH, Weinheim.

Pinkos, R. und Haubner, M. (2004):
Verfahren zur Herstellung von Polytetrahydrofuran oder Tetrahydrofuran-Copolymeren.
DE 10 2004 012 116.

Pinkos, R., Käshammer, S., Menger, V., Haubner, M., Groll, P., Schlitter, S. und Pfaff, K.-P. (2004):
Verfahren zur Herstellung von Tetrahydrofuran.
WO Patent 2004/026853.

Reiss, W., Schnur, R., Winderl, S., Hoffman, H. und Zehner, P. (1976):
Process for the manufacture of butynediol.
U.S. Patent 3,957,888.

Report, BDO (2011):
Global and China 1,4-Butandiol (BDO) Industry Report (2010-2011).
Research in China.

Reppe, W. und Friedrich, H. (1955):
Verfahren zur Herstellung von Alkohlen der Acetylenreihe.
DE Patent 927687.

Reppe, W. und Keyssner, E. (1942):
Verfahren zur Herstellung von Alkoholen der Acetylenreihe.
Reichspatent 725326.

Reppe, W., Hecht, O. und Steinhofer, A. (1940):
Verfahren zur Herstellung von Tetrahydrofuran.
Reichspatent 696779.

Reppe, W., Schmidt, W., Schulz, A. und Wenderlein, H. (1953):
Verfahren zur Herstellung von 1,4-Glykolen.
DE Patent 890944.

Riekert, L. (1985):
Observation and Quantifikation of Activity and Selectivity of Solid Catalysts.
Applied Catalysis, Bd. 15, S. 89 – 102.

Roquette und DSM (2010):
Sustainable Succinic Acid.
http://www.dsm.com/ (25.05.2011).

Rösch, M., Pinkos, R., Hesse, M., Schlitter, S., Schubert, O., Windecker, G. und Weck, A. (2005a):
Verbesserter Katalysator für die Hydrierung von Maleinsäureanhydrid zu γ-Butyrolacton und Tetrahydrofuran.
WO Patent 2005/058492.

Rösch, M., Pinkos, R., Hesse, M., Schlitter, S., Schubert, O., Windecker, G. und Weck, A. (2005b):
Verbesserter Katalysator für die Hydrierung von Maleinsäureanhydrid zu γ-Butyrolacton und Tetrahydrofuran.
DE Patent 103 57 716 A1.

Rösch, M., Pinkos, R., Junicke, H., Hesse, M., Weck, A., Windecker, G. und Schlitter, S. (2005c):
Verfahren zur Herstellung von Butandiol aus γ-Butyrolacton in Gegenwart von Wasser.
WO Patent 2005/044768.

Rumpf, H. (1975):
Mechanische Verfahrenstechnik.
Hanser, ISBN: 3-446-11987-6.

Sanwei, Shanxi (08.12.2011):
Capacity.
www.sxsanwei.com.

Scarlett, J., Tuck, M. W. und Wood, M. A. (1995):
Process for the Preparation of Alcohols and Diols.
U.S. Patent 5,387,753.

Schödel, N., Hofmann, K. H., Wießner, F., Fritz, P. M., Heinisch, C., Kochloefl, K., Maletz, G., Ladebeck, J. und Schmidt, F. (1997):
Verfahren zur katalytischen Hydrierung von Butindiol zu Butandiol nach einem Zweistufenverfahren.
DE Patent 19625189.

Schlander, J. H. (2000):
Gasphasenhydrierung von Maleinsäuredimethylester zu 1,4-Butandiol, γ-Butyrolacton und Tetrahydrofuran an Kupfer-Katalysatoren.
Dissertation, Universität Karlsruhe (TH).

Schlander, J. H. und Turek, T. (1999):
Gas-Phase Hydrogenolysis of Dimethyl Maleate to 1,4-Butanediol and γ-Butyrolactone over Copper/Zinc Oxide Catalysts.
Ind. Eng. Chem. Res., Bd. 38, S. 1264 – 1270.

Schlitter, S., Borchert, H., Hesse, M., Schubert, M., Bottke, N., Fischer, R. H., Rösch, M., Heydrich, G. und Weck, A. (2003a):
Verfahren zur selektiven Herstellung von Tetrahydrofuran durch Hydrierung von Maleinsäureanhydrid.
DE Patent 101 33 054 A1.

Schlitter, S., Siegwart, C., Dörflinger, W., Hesse, M. und Fischer, R.-H. (2003b):
Katalysator und Verfahren zur Herstellung von Polytetrahydrofuran.
DE Patent 101 30 782.

Schlitter, S., Schubert, O., Hesse, M., Borchers, S., Rösch, M., Pinkos, R., Weck, A. und Windecker, G. (2005):
Katalysatorextrudate auf Basis Kupferoxid und ihre Verwendung zur Hydrierung von Carbonylverbindungen.
WO Patent 2005/058491.

Schneider, D., Teles, J., Backes, R. und Rittinger, S. (2010):
Verfahren zur Herstellung von Methylformiat und Furan aus nachwachsenden Rohstoffen.
DE Patent 10 2009 047 503 A1.

Schneiders, J. (1958):
Verfahren zur kontinuierlichen Herstellung von Tetrahydrofuran.
DE-Patent 1043342.

Scholten, E., Haefner, S. und Schröder, H. (2010):
Bacterial cells having a glyoxylate shunt for the manufacture of succinic acid.
EP 2 202 294.

Schomburg, G. (1987):
Gaschromatographie.
VCH Verlagsgesellschaft, Weinheim.

Schubert, M., Huber-Dirr, S., Hesse, M., Pfeifer, J., Fischer, R. und Rösch, M. (2004):
Verbesserter Katalysator und Verfahren zur Herstellung von Alkoholen durch Hydrierung an diesem Katalysator.
WO Patent 2004/043890.

Schwarz, W., Schossig, J., Rossbacher, R. und Höke, H. (2012):
Butyrolactone.
Industrial Organic Chemicals: Starting Materials and Intermediates, Ulmann´s Encyclopedia, Bd. 2, S. 457 – 463, Wiley–VCH, Weinheim.

Stein, U. (2009):
Einstieg in das Programmieren mit MATLAB.
2. Auflage, Carl Hanser Verlag, München, S. 238 –242.

Steinbrenner, U., Haubner, M., Gerstlauer, A., Domschke, T. und Wart, C. (2003):
Improved method for producing polytetrahydrofuran.
WO 03/014189.

Sutton, D. (2003):
Process for the production of ethers, typically THF.
WO Patent 03/006446.

Thiele, E. W. (1939):
Relation between catalytic activity and size of particle.
Ind. Eng. Chem., Bd. 31, S. 916 – 920.

Thömmes, T., Reitzmann, A. und Kraushaar-Czarnetzki, B. (2008):
*Catalytic vapour phase epoxidation of propene with nitrous oxide as an oxidant
II. Development of a kineticmodel.*
Chemical Engineering Science, Bd. 63, S. 5304 – 5313.

Timofeev, A. F., Bazanov, A. G. und Zubritskaya, N. G. (2010):
Mechanism of Formation of Tetrahydrofuran in the Catalytic Hydrogenation of Dialkyl Suc-cinates.
Russian Journal of Organic Chemistry, Bd. 46, S. 1537 – 1541.

Toriya, J. und Shiraga, K. (1977):
Process for producing diacetoxybutanes and butanediols.
US Patent 4,010,197.

Tuck, M., Eastland, P. und Hilles, A. (1999):
Process for the Preparation of Butandiol, γ-Butyrolacton and Tetrahydrofuran.
WO Patent 99/48852.

Turek, F., Geike, R., Otto, B., Sieble, H., Weisbach, L., Ulrich, A., Busse, D., Fesser, P. und Weisbach, S. (1985):

Verfahren zur katalytischen Hydrierung von But-2-in-1,4-diol.
DDR Patent 219184.

Turek, T., Trimm, D. L., Black, D. S. und Cant, N. W. (1994):
Hydrogenolysis of dimethyl succinate on copper based catalysts.
Applied Catalysis, Bd. 116, S. 137 – 150.

Turner, K., Scharif, M. und Harris, N. (1988):
Process for the production of butane-1,4-diol.
U.S. Patent 4,751,334.

Uihlein, S. (1992):
Reaktionstechnische Untersuchung zur heterogen katalysierten Hydrierung von Maleinsäureanhydrid.
Dissertation, Universität Karlsruhe (TH).

Valyon, J., Henker, M. und K.-P., Wendlandt (1989):
Acidity of SiO_2, SiO_2-Al_2O_3 and γ-Al_2O_3 supports and supported Molybdena catalysts.
React. Kinet. Catal. Letters, Bd. 38, Nr. 2, S. 273 – 279.

VDI-Gesellschaft (2006):
VDI-Wärmeatlas.
Springer, Berlin, Bd. 10.

Wabnitz, T., Hatscher, S., Käshammer, S. und Pinkos, R. (2006):
Verfahren zur Herstellung von Polytetrahydrofuran oder Tetrahydrofuran-Copolymeren.
DE Patent 10 2006 027 233.

Wambach, L., Irgang, M. und M., Fischer (1988):
Verfahren zur Herstellung von Furan durch Decarbonylierung von Furfural.
EP 0261603.

Weissermel, K. und Arpe, H. J. (2003):
Industrial organic chemistry.
Chapter 5: 1,3-Diolefine, S. 116, Wiley–VCH, Weinheim.

Weisz, P. (1957):
Diffusivity of Porous Particles I.,
Measurements and Significance for Internal Reaction Velocities.
Z. Phys. Chem., Bd. 11, S. 1 – 15.

Wood, M. A., Willett, P., Wild, R. und Colley, S. W. (2001):
Process for the co-production of aliphatic diols and cyclic ethers.
WO Patent 01/44148.

Yaws, C. L. (1999):
Chemical Properties Handbook.
McGraw-Hill, New York.

Yoshioka, M., Matsumoto, A. und Otsu, T. (1992):
Opening Mode in the Propagation of Dialkyl Fumarates and Maleates as 1,2-Disubstituted Ethylenes in Radical Polymerization.
Macromolecules, Bd. 25, S. 2837 – 2841.

Zeitsch, K. J. (1990):
Process for the Producing Furfural.
U.S. Patent 4,912,237.

Zhang, D., Yin, H., Zhang, R., Xue, J. und Jiang, T. (2008a):
Gas Phase Hydrogenation of Maleic Anhydride to γ-Butyrolactone by CuZnCe Catalyst in the Presence of Butanol.
Catalytic letters, Bd. 122, S. 176 – 182.

Zhang, D., Yin, D., Xue, J., Ge, C., Jiang, T., Yu, L. und Shen, L. (2009):
Selective Hydrogenation of Maleic Anhydride to Tetrahydrofuran over Cu-Zn-M Catalysts Using Ethanol As a Solvent.
Ind. Eng. Chem. Res, Bd. 48, S. 11220 – 11224.

Zhang, Q., Wu, Z. und Xu, L. (1998):
High-Pressure Hydrogenolysis of Diethyl Maleate on $CuZnAl_2O_3$ Catalyst.
Ind. Eng. Chem. Res, Bd. 37, S. 3525 – 3532.

Zhang, R., Yin, H., Zhang, D., Qi, L., Lu, H., Shen, Y. und Jiang, T. (2008b):
Gas phase hydrogenation of maleic anhydride to tetrahydrofuran by $Cu/ZnO/TiO_2$ catalysts in the presence of n-butanol.
Chemical Engineering Journal, Bd. 140, S. 488 – 496.

Abkürzungen

Abkürzungen für organische Verbindungen

BDO	1,4-Butandiol
BS	Bernsteinsäure
BSA	Bernsteinsäureanhydrid
BuOH	Butanol
DEM	Diethylmaleat
DES	Diethylsuccinat
DMF	Dimethylfumarat
DMM	Dimethylmaleat
DMS	Dimethylsuccinat
EtOH	Ethanol
FS	Fumarsäure
GBL	γ-Butyrolacton
GHB	4-Hydroxybutansäure
HEC	Hydroxyethylcellulose
MeOH	Methanol
MS	Maleinsäure
MSA	Maleinsäureanhydrid
NMP	n-Methyl-2-Pyrrolidin
PBS	Polybutylensuccinat
PBT	Polybutylenterephthalat
PEEK	Polyetheretherketon
PET	Polyethylenterephthalat
PTMO	Poly(tetramethylenoxid)
PVC	Polyvinylclorid
THF	Tetrahydrofuran

Symbole

Symbol	Bezeichnung	Einheit
A, B, C, D, E	Antoine-Konstanten	-
b	Massenanteil	-
b_{CuCO3}	Massenanteil bezogen auf CuCO3	-
BET	Methode nach Brunauer et al. (1938)	-
Bo	Bodensteinzahl	-
C_i	Esterkonzentration der Komponente i	$mol \cdot m^{-3}$
$\tilde{C}_i$	Konzentration der Komponente i an der Katalysatoroberfläche	$mol \cdot m^{-3}$
d_p	Partikeldurchmesser	m
D_{ax}	axialer Dispersionskoeffizient	$m^2 \cdot s^{-1}$
D_{eff}	effektiver Diffusionskoeffizient	$m^2 \cdot s^{-1}$
D_{Kn}	Knudson-Diffusionskoeffizient	$m^2 \cdot s^{-1}$
D_p	Porendiffusionskoeffizient	$m^2 \cdot s^{-1}$
D_{12}^{id}	binärer Diffusionskoeffizient bei niedrigen Drücken	$m^2 \cdot s^{-1}$
D_{12}	binärer Diffusionskoeffizient bei hohem Druck	$m^2 \cdot s^{-1}$
$f_{i,Propan}$	relativer Proportionalitätsfaktor bezogen auf Propan	-
F_{Geo}	äußere geometrische Oberfläche des Katalysator	m^2
F_i	Peakfläche der Komponente i	-
F_Q^{id}	Korrekturfaktor	-
F_P^{id}	Korrekturfaktor	-
GHSV	Gas hourly space velocity	h^{-1}
j_m	j-factor (nach der Chilton und Colburn Analogie)	-
k_m	massenbezogener Geschwindigkeitskoeffizient	$cm^3 \cdot g^{-1} \cdot s^{-1}$
KF	Kühlfalle	-
l_{char}	charakteristische Länge	m
L	Länge des Katalysatorbettes	m
m_{Kat}	Masse des Katalysators	g
M_i	Molmasse der Komponente i	$g \cdot mol^{-1}$
n	Reaktionsordnung	-
$\dot{n}_i$	Stoffmengenstrom der Komponente i	$mol \cdot s^{-1}$
N_A	Avogadro-Konstante	mol^{-1}

Symbol	Bezeichnung	Einheit
N_i	Stoffmenge der Komponente i	mol
$N_{O,CU}$	Sauerstoffaufnahme je Flächeneinheit Kupfer	$\cdot 10^{-18} \cdot m^{-2}$
NAG	Nitric Acid Gelationtime	min
p	Reaktionsdruck	bar
p*	Sattdampfdruck	Pa
$p(r_p)$	Druck in einer Pore	Pa
$Pe_{ax,Partikel}$	axiale Pecletzahl	-
q_i	absoluter Proportionalitätsfaktor	-
r_m	massenbezogene Reaktionsgeschwindigkeit	$mol \cdot g^{-1} \cdot s^{-1}$
r_{Pore}	Porenradius	m
R	universelle Gaskonstante	$J \cdot mol^{-1} \cdot K^{-1}$
Re	Reynoldszahl	-
RZA	Raum-Zeit-Ausbeute Tetrahydrofuran	$kg_{THF} \cdot h^{-1} \cdot kg_{Kat}^{-1}$
Sc	Schmidtzahl	-
S_{BET}	spezifische Gesamtoberfläche	$m^2 \cdot g^{-1}$
S_{Cu}	spezifische Kupferoberfläche	$m^2 \cdot g^{-1}$
$^R S_i$	Reaktorselektivität zur Komponente i	-
Sh	Sherwoodzahl	-
t	Mischzeit	s
T	Reaktionstemperatur	K, °C
u_0	Leerrohrgeschwindigkeit	$m \cdot s^{-1}$
UNIFAC	Aktivitätskoeffizientenmodell	-
UNIQUAC	Aktivitätskoeffizientenmodell	-
$\dot{V}$	Volumenstrom (NTP)	$m^3 \cdot s^{-1}$
V_{Kat}	Volumen eines Katalysatorpartikels	m^3
V_m	molares Volumen	$m^3 \cdot mol$
V_N	Molvolumen des idealen Gases bei 298 K	$m^3 \cdot mol^{-1}$
$\dot{V}_R$	Volumenstrom bei Reaktionsbedingungen	$m^3 \cdot s^{-1}$
WHSV	Weight hourly space velocity	$kg_{Ester} \cdot h^{-1} \cdot kg_{Kat}^{-1}$
Wz	Weiszzahl	-
x_{50}	mittlere Partikeldurchmesser	μm
x_i	Stoffmengenanteil der Komponente i	-
X	Umsatz	-
Y_c	Kohlenstoffbilanz als Quotient kohlenstoffnormierter Stoffmenge im Reaktor zur Stoffmenge im Bypass	-
Z	Realgasfaktor	-

griechische Symbole

Symbol	Bezeichnung	Einheit
β	Stoffübergangskoeffizient	$m^2 \cdot s^{-1}$
γ	Oberflächenspannung	$N \cdot m^{-1}$
ε_{Kat}	Porosität des Katalysators	-
ε_i	Kohlenstoffzahl	-
η	dynamische Viskosität	$g \cdot cm^{-1} \cdot s^{-1}$
η	Porennutzungsgrad	-
ι	Teilordnung der organischen Spezies	-
κ	Teilordnung der Wasserstoffkonzentration	-
μ_R	reduziertes Dipolmoment	-
ν	kinematische Viskosität	$m^2 \cdot s^{-1}$
ξ	inverse reduzierte Viskosität	-
ρ_{Kat}	Dichte des Katalysators	$kg \cdot m^{-3}$
$\tilde{\rho}_m$	molare Dichte	$mol \cdot cm^{-3}$
σ	Standardabweichung	-
τ	Tortuosität der Porenstruktur	-
τ_{mod}	modifizierte Verweilzeit	$g_{Kat} \cdot s \cdot cm^{-3}$
υ_i	Diffusionsvolumen der Komponente i	$cm^3 \cdot mol^{-1}$
Φ	Thiele-Modul	-
ω	azentrischer Faktor	-

Anhang

A.1 Vorgehensweisen und Methoden

A.1.1 Charakterisierungsmethoden

A.1.1.1 Stickstoffadsorptionsmessung

Die spezifische Oberfläche der Extrudate wurde nach der Methode von Brunauer et al. (1938) bestimmt. Nachdem die Probe über Nacht bei 350 °C ausgeheizt wurde, sind Adsorption- und Desorptionsisothermen bei -196 °C an einem ASAP 2020 (Micromeritics) aufgenommen worden.

A.1.1.2 Quecksilberporosimetrie

Die Quecksilberporosimetrie dient zur Bestimmung der Porosität und Porenradienverteilung meso- und makroporöser, nichtmetallischer Substanzen. Mit einem Autopore III (Micromeritics) wurden Porengrößen von 3 nm bis 360 μm erfasst. Durch die inkrementelle Erhöhung des Druckes wird Quecksilber in die Poren gedrückt. Dabei besteht ein reziproker Zusammenhang zwischen dem Druck und dem Porendurchmesser. Anhand der eingepressten Quecksilbermasse, der Probengeometrie und dem Probengewicht lässt sich die Porosität berechnen.

A.1.1.3 Lachgasadsorption

In Abbildung A.1 wird ein Fließbild der Versuchsanlage zur Lachgasadsorption gezeigt.

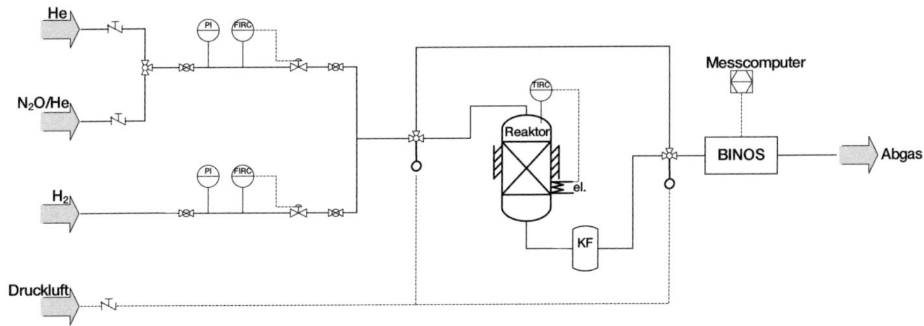

Abbildung A.1: Anlagenfließbild zur Messung der Lachgasadsorption.

Die Gase Helium, Wasserstoff und das Gasgemisch 827 ppm Lachgas in Helium werden mittels thermischen Massendurchflussregler (Brooks Instruments, EMV 15/3) dosiert. Mit Hilfe eines druckluftgesteuerten 4-2-Wegeventil kann zwischen isothermen Integralreaktor und Bypass geschaltet werden. Zur Temperaturregelung (Eurotherm, KR4) des Reaktors dient ein Ni/Cr-Ni-Thermoelement, das in die Katalysatorschüttung eingelassen wurde. Der Reaktor wird mit einer elektrischen Widerstandsheizung beheizt. Mittels eines 3-2-Wegehahnes kann manuell und druckstoßfrei von reinem Helium auf das Lachgas/Helium-Gemisch gewechselt werden. Die Konzentration des Lachgases wird mit einem kontinuierlich arbeitenden nichtdispersiven IR-Gasanalysator (Leybold-Heraeus, Binos) bestimmt. Der zeitliche Verlauf der Lachgas-Konzentration wird mit einem Anlagencomputer erfasst.

Anhand einer Methode von Chinchen et al. (1987) wurde die spezifische Kupferoberfläche der hergestellten Extrudate bestimmt. Dazu musste der Katalysator, wie in Kapitel 3.2.2 beschrieben, reduziert werden.

$$CuO_{(S)} + H_{2(G)} \rightarrow Cu_{(S)} + H_2O_{(G)} \qquad (A.1)$$

Das reduzierte Kupfer wurde mit Helium ($\dot{V} = 200$ ml·min^{-1}) überströmt und auf 60 °C abgekühlt. Die Aufzeichnung der Lachgas-Konzentration wurde gleichzeitig mit dem Umstellen des 3-2-Wegehahnes auf das Lachgas/Helium-Gemisch gestartet. Sobald ein Großteil des Kupfers oxidiert wurde stieg die Lachgas-Konzentration im zu analysierendem Gas an. Die Messung endet, wenn der angegebene Wert der Lachgaskonzentration von 827 ($\pm$17) ppm am Reaktorausgang detektiert wird.

$$2Cu_{(S)} + N_2O_{(G)} \rightarrow Cu_2O_{(S)} + N_{2(G)} \qquad (A.2)$$

Der Reaktor wurde anschließend mit reinem Helium gespült und die Messung mit dem Lachgas/Helium-Gemisch wiederholt. Die Zeit bis zum Anstieg der Lachgas-Konzentration entspricht der Totzeit der Anlage.

Legt man die nacheinander aufgezeichneten Verläufe der Lachgas-Konzentration in den gleichen zeitlichen Ursprung, wie in Abbildung A.2 gezeigt, so ist die Fläche zwischen den beiden Kurven proportional zu der adsorbierten Stoffmenge Lachgas.

$$A = \int_{t_2}^{t_{End}} c_{N_2O} \cdot dt - \int_{t_1}^{t_{End}} c_{N_2O} \cdot dt \qquad (A.3)$$

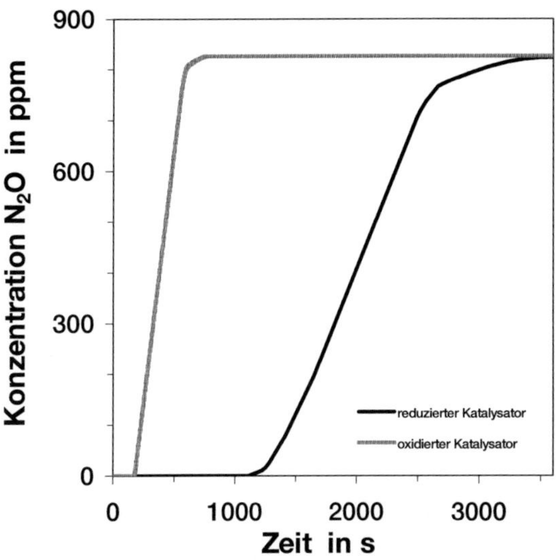

Abbildung A.2: N$_2$O-Konzentration als Funktion der Zeit für einen reduzierten Katalysator und einen bereits oxidierten Katalysator zur Bestimmung der Totzeit der Versuchsanlage.

Anhand der Sauerstoffaufnahme je Flächeneinheit Kupfer kann die spezifische Kupferoberfläche berechnet werden.

$$S_{Cu} = \frac{N_A \cdot \dot{V}_{Gesamt} \cdot A}{V_N \cdot m_{Kat} \cdot N_{O,Cu}} \tag{A.4}$$

mit N_A Avogadro-Konstante in mol^{-1}

$\dot{V}_{Gesamt}$ Gesamtvolumenstrom (NTP) in m$^3 \cdot$s^{-1}

V_N Molvolumen des idealen Gases bei 298 K in m$^3 \cdot$mol^{-1}

m_{Kat} Masse des Katalysators in g

$N_{O,CU}$ Sauerstoffaufnahme je Flächeneinheit Kupfer 5$\cdot$10$^{-18} \cdot$m^{-2}

A.1.1.4 Bruchkraftmessung

Die mechanische Stabilität der Extrudate wurde mit einem Bruchtestverfahren der American
Society for Testing and Materials (ASTM D-6175 03) an einer Universalprüfmaschine (BDO-
FBO.5TS, Zwick/Roell) charakterisiert. Hierzu wurden 50 Extrudate bei 120 °C für zwei Stun-
den getrocknet. Auf einer Metallplatte wurde das jeweils zu untersuchende Extrudat fixiert. Ein
Stempel mit einer Vorschubgeschwindigkeit von 0,5 mm·min^{-1} belastete die Probe bis zum
Bruch. Die Kraft, die das Gerät beim Bruch aufbringen musste, ist als Bruchkraft definiert.

A.1.1.5 Rasterelektronenmikroskopie (REM)

Die Struktur der Katalysatoroberfläche wurde mittels REM-Aufnahmen des Laberatoriums für
Elektronenmikroskopie am Karlsruher Institut für Technologie untersucht. Mit Hilfe des FEI
Quanta 650 FEG ESEM wurden sowohl die REM-Aufnahmen sowie ortsaufgelöste Elemen-
taranalysen mittels energiedisperser Röntgenstrahlung (EDX) durchgeführt. Hierbei wird ein
Elektronenstrahl erzeugt, beschleunigt und mit elektrischen sowie magnetischen Feldern auf
die Probe fokusiert. Entweder werden die Elektronen reflektiert oder sie dringen in die oberste
Schicht ein und schlagen dabei Elektronen aus der Probe. Die Menge der Elektronen hängt vom
Material und von der Orientierung zum Detektor ab. Die beim punktweise Abrastern detektierten Elektronen ergeben ein Bild in Form eines Material- und Topographiekontrastes.

A.1.1.6 Partikelgrößenanalysen

Am Institut für Mechanische Verfahrenstechnik des Karlsruher Instituts für Technologie wurden
Partikelgrößenanalysen der für die Katalysatorherstellung eingesetzten Substanzen an einem
Helos und Rhodos (Sympatec) durchgeführt.

A.1.2 Gaschromatographie

Die Gasanalyse erfolgte in einem Gaschromatographen (Agilent, GC 6890), der mit einer Kapillarsäule, einem Wärmeleitfähigkeits- und Flammenionisationsdetektor sowie einem Split/Splitless Injektor ausgestattet war. Die Betriebsbedingungen und Spezifikationen der Gasanalyse sind in Tabelle A.1 aufgelistet.

Tabelle A.1: Spezifikation und Betriebsbedingungen der Gasanalyse.

Säule	VFWaxs, 60 m $\cdot$ 320 μm $\cdot$ 1 μm
Detektoren	Flammenionisationsdetektor
	Wärmeleitfähigkeitsdetektor
Temperatur Injektor	250 °C
Temperatur Detektoren	250 °C (FID und WLD)
Temperatur Probenschleife	240 °C
Volumen Probenschleife	250 ml
Trägergas	Wasserstoff (99,999 %)
Septum Purge	3 ml$\cdot$min^{-1}
Säulenfluss	4 ml$\cdot$min^{-1}
Split Flow	39,6 ml$\cdot$min^{-1}
WLD Make Up	5 ml$\cdot$min^{-1}
WLD Referenzfluss	10 ml$\cdot$min^{-1}
FID Wasserstoff	30 ml$\cdot$min^{-1}
FID Make Up (Helium)	10 ml$\cdot$min^{-1}
FID Synthetische Luft	400 ml$\cdot$min^{-1}

Der Verlauf der Ofentemperatur zur Beheizung der Säule und der Verlauf des Säulenflusses während einer Gasanalyse des Gaschromatographen ist in Abbildung A.3 dargestellt.

In der Säule des Gaschromatographen werden die einzelnen Stoffe retendiert, so dass diese nach einer stoffspezifischen Verweilzeit ein stoffmengenspezifisches Signal des Detektors (Peak) hervorrufen. Zwischen der Peakfläche F_i und der jeweiligen Stoffmenge n_i besteht ein linearer Zusammenhang (Schomburg (1987)).

$$F_i = q_i \cdot n_i \tag{A.5}$$

Der absolute Proportionalitätsfaktor q_i gibt die Empfindlichkeit des Detektors bezüglich des Stoffes i an. Der relative Proportionalitätsfaktor oder wie in dieser Arbeit Korrekturfaktor f_i

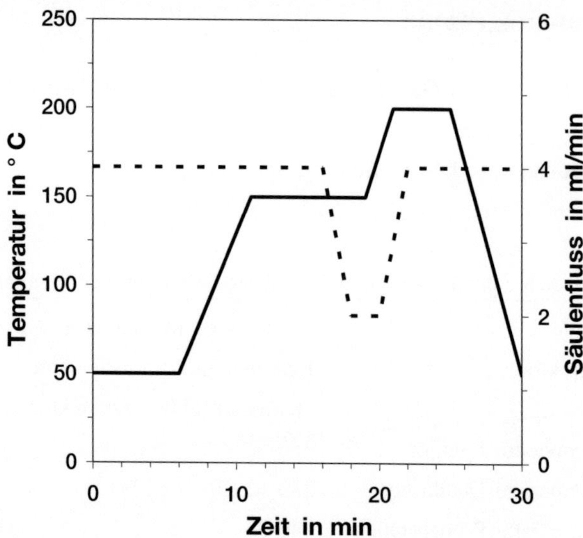

Abbildung A.3: Temperatur- und Flussprogramm der GC-Säule.

genannt, setzt den absoluten Proportionalitätsfaktor der Komponente i ins Verhältnis zu dem Proportionalitätsfaktor des Standards Propan.

$$f_{i,Propan} = \frac{q_i}{q_{Propan}} \tag{A.6}$$

Anhand der Verhältnisse der Stoffmengen sowie der Peakflächen ergibt sich der Zusammenhang zur Bestimmung des Korrekturfaktors.

$$\frac{F_i}{F_{Propan}} = f_{i,Propan} \cdot \frac{\dot{n}_i}{\dot{n}_{Propan}} \tag{A.7}$$

Die Korrekturfaktoren der jeweiligen Spezies werden durch Kalibrierung bestimmt. Dazu werden alle Stoff einzeln zusammen mit Dodecan (Fluka, >99,8 %) in Aceton (Merk, >99,8 %) gelöst. Etwa 0,1 μL werden direkt in den Injektor gespritzt. Dodecan fungiert als Zwischenstandard, da Propan nicht definiert in Lösung gebracht werden kann. Der Korrekturfaktor des Zwischenstandards Dodecan wird nach der Methode von Ackman (1964) auf den Korrekturfaktor des Standards Propan umgerechnet.

$$\frac{RMR_{Dodecan}}{RMR_{Propan}} = \frac{q_{Dodecan}}{q_{Propan}} = \frac{600}{150} = 4 \tag{A.8}$$

$$f_{i,Propan} = \frac{q_i}{q_{Dodecan}} \cdot \frac{q_{Dodecan}}{q_{Propan}} = f_{i,Dodecan} \cdot 4 \qquad (A.9)$$

Die Intensität des FID-Signals hängt von der Struktur und der Anzahl der Kohlenstoffatome des untersuchten Stoffes ab. Ein Molekül besitzt eine relative molare Anzeigeempfindlichkeit (RMR), an der jede funktionelle Gruppe des Moleküls mit einem bestimmten RMR-Inkrement beteiligt ist.

Die hierüber ermittelten und bei der Auswertung der Versuche angewandten Korrekturfaktoren sind in Tabelle A.2 dargestellt.

Tabelle A.2: Retentionszeiten und Korrekturfaktoren der mittels GC detektierten Substanzen.

Substanz	Detektor	Retentions-zeit t_R in min	Korrektur-faktor $f_{i,Propan}$ FID	Korrektur-faktor $f_{i,Propan}$ WLD	Kohlen-stoffzahl ε_i
Butanol	FID	10,69	0,9728	-	4
1,4-Butandiol	FID	24,87	1,0900	-	4
Dimethylether	FID	2,07	0,4000	-	2
Dimethylmaleat	FID	19,54	1,0972	2,52	6
Dimethylfumarat	FID	15,59	1,0644	2,65	6
Dimethylsuccinat	FID	16,47	1,1500	2,66	6
γ-Butyrolacton	FID	19,18	0,9462	1,81	4
Methanol	FID	5,57	0,2432	1	1
Propanol	FID	8,43	0,7725	-	3
Tetrahydrofuran	FID	4,76	0,9924	1,62	4
Wasser	WLD	8,82	-	0,6412	0

A.2 Theoretische Überlegungen

A.2.1 Abschätzung der Bodensteinzahl

Zur Charakterisierung der Verweilzeitverteilung in einem realen Strömungsrohr wird die Bodensteinzahl benutzt, mit welcher sich die axiale Dispersion abschätzen lässt. Mit steigender Bodensteinzahl wird die Verweilzeitverteilung enger und nähert sich dem idealen Strömungsrohr an. Für Bo > 100 kann die axiale Dispersion für die Reaktorauslegung oder für kinetische Untersuchungen vernachlässigt werden. Im Folgenden wird die Abschätzung mittels der Bodensteinzahl hergeleitet und durchgeführt.

$$Bo = \frac{u_0 \cdot L}{D_{ax}} \tag{A.10}$$

mit L Länge des Katalysatorbettes in m

u_0 Leerrohrgeschwindigkeit in $m \cdot s^{-1}$

D_{ax} axialer Dispersionskoeffizient in $m^2 \cdot s^{-1}$

Der axiale Dispersionskoeffizient wird durch die axiale Pecletzahl ersetzt. Nach Baerns et al. (2006) ergibt sich die axiale Pecletzahl zu

$$Pe_{ax} = \frac{u_0 \cdot d_p}{D_{ax}} \tag{A.11}$$

und die Bodensteinzahl zu:

$$Bo = Pe_{ax} \cdot \frac{L}{d_p} \tag{A.12}$$

Die axiale Pecletzahl, bezogen auf den Partikeldurchmesser, ist unter Bezug auf die Schmidt- und die Reynoldszahl definiert als:

$$\frac{1}{Pe_{ax}} = \frac{0{,}3}{Re_p \cdot Sc} \cdot \frac{0{,}5}{1 + \frac{3{,}8}{Re_p \cdot Sc}} \tag{A.13}$$

$$Re = \frac{u_0 \cdot d_p}{\nu} \tag{A.14}$$

$$Sc = \frac{\nu}{D_{12}} \tag{A.15}$$

mit   Re   Reynoldszahl

       Sc   Schmidtzahl

       v kinematische Viskosität in $m^2 \cdot s^{-1}$

       d_p Partikeldurchmesser in m

       D_{12} binärer Diffusionskoeffizient in $m^2 \cdot s^{-1}$ bei hohem Druck

Der Diffusionskoeffizient wird nach der Methode von Fuller, wie im VDI-Wärmeatlas (VDI-Gesellschaft (2006)) beschrieben, berechnet. Der Diffusionskeoffizient im Leerrohr entspricht in diesem Fall dem binären Diffusionskoeffizienten bis 10 bar.

$$\frac{D_{12}^{id}}{cm^2 s^{-1}} = \frac{0{,}00143 \cdot \frac{T^{1,75}}{K}[(\frac{\tilde{M}_1}{g \cdot mol^{-1}})^{-1} \cdot (\frac{\tilde{M}_2}{g \cdot mol^{-1}})^{-1}]}{\frac{p}{bar} \cdot \sqrt{2} \cdot [(\sum \upsilon_1)^{1/3} \cdot (\sum \upsilon_2)^{1/3}]^2} \tag{A.16}$$

Bei hohen Drücken gilt folgende Erweiterung.

$$\frac{(\rho \cdot D_{12})}{(\rho \cdot D_{12})^{id}} = 1{,}07 \cdot \left(\frac{\eta}{\eta^{id}}\right)^{B + \frac{C \cdot p}{Pc}} \tag{A.17}$$

$$B = -0{,}27 - 0{,}38 \cdot \omega$$

$$C = -0{,}05 + 0{,}1 \cdot \omega$$

hierbei gilt

$$\omega = \sum y_i \cdot \omega_i$$

mit   p   Reaktionsdruck in bar

       T   Reaktionstemperatur in K

       $\tilde{M}_i$ Molekulargewicht der Komponente i in $g \cdot mol^{-1}$

       $\tilde{\rho}_m$ molare Dichte in $mol \cdot cm^{-3}$

       υ_i Diffusionsvolumen der Komponente i in $cm^3 \cdot mol^{-1}$

       D_{12}^{id} binärer Diffusionskoeffizient in $m^2 \cdot s^{-1}$ bei niedrigen Drücken

       ω azentrischer Faktor

Die dynamische Viskosität wird nach der folgenden Gleichung berechnet.

$$\frac{\eta^{id}}{10^{-7} Pas} = \frac{F_P^{id} \cdot F_Q^{id}}{\xi} \cdot 0{,}807 \cdot T_R^{0,618} - 0{,}357 \cdot e^{-0,449 \cdot T_R} + 0{,}340 e^{-4,058 \cdot T_R} + 0{,}018 \tag{A.18}$$

$$\mu_R = \frac{\mu^2 \cdot p_c}{k \cdot T_c}$$

$$F_P^{id} = 1 \text{ für } 0 \leq \mu_R < 0{,}022$$

$$F_Q^{id} = 1{,}22 \cdot \lambda_R^{0,15} \cdot (1 + 0{,}00385[(T_R - 12)^2]^{1/M} \cdot sgn(T_R - 12))$$

$$\lambda_R = 0{,}76 \text{ für Wasserstoff}$$

$$\xi = 0{,}107 \cdot \frac{(T_c/K)^{1/6}}{(M/g/mol)^{1/2} \cdot (p_c/bar)^{2/3}}$$

mit　　μ_R　　reduziertes Dipolmoment

F_Q^{id}　　Korrekturfaktor

F_P^{id}　　Korrekturfaktor

ξ　　inverse reduzierte Viskosität

Bei höheren Drücken muss die Berechnung der dynamischen Viskosität wie folgt erweitert werden.

$$\eta = \eta^{id} \cdot Z_2 \cdot F_P \tag{A.19}$$

$$Z_2 = 1 + \frac{A \cdot p_R^E}{B \cdot p_R^F + (1 - C \cdot p_R^D)^{-1}} \tag{A.20}$$

mit　　η^{id}　　dynamische Viskosität in kg·m^{-1}·s^{-1} bei Drücken bis 10 bar

η　　dynamische Viskosität in kg·m^{-1}·s^{-1} bei hohen Drücken

F_P　　Korrekturfaktor

Die kinematische Viskosität ist definiert als:

$$v = \frac{\eta}{\rho} \tag{A.21}$$

Die Konstanten A – F sind dem VDI-Wärmeatlas (VDI-Gesellschaft (2006)) unter Da23 zu entnehmen.

Tabelle A.3: Gewählte Größen und Ergebnis zur Abschätzung der Bodensteinzahl.

T	K	240
p	bar	25
$\dot{V}$	ml·min^{-1}	300
d$_p$	m	0,002
ε		0,4
u$_0$	m·s^{-1}	2,15 $\cdot10^{-3}$
l	m	0,08
υ_{H_2}		7,07
υ_{DMM}		136,76
D$_{12}$	m^2·s^{-1}	3,24 $\cdot10^{-6}$
ν	m^2·s^{-1}	2,04 $\cdot10^{-5}$
Sc		6,30
Re		0,61
Pe$_{ax}$		2,95
Bo		118

Das in Tabelle A.3 zusammengefasste Ergebnis zur Abschätzung der Bodensteinzahl wurde für die ungünstigste Kombination der Reaktionsbedingungen durchgeführt. Propfströmung war in allen Fällen vor Erreichen des Katalysatorbettes gewährleistet, wie die berechnete Bodensteinzahl von 118 bestätigt.

A.2.2 Abschätzung des inneren Stofftransportes

Wenn die Diffusion in den Katalysatorporen nicht ausreichend schnell ist, kann in porösen Katalysatorn eine Begrenzung der Reaktion durch inneren Stofftransport auftreten. Der Einfluss des inneren Stofftransportes kann mit Hilfe des Weisz-Prater-Kriteriums abgeschätzt werden (Weisz (1957)).

$$Wz = \frac{l_{char}^2 \cdot m_{Kat} \cdot r_m}{D_{eff} \cdot C_{Ester} \cdot V_{Kat}} = \Phi \cdot tanh\Phi \tag{A.22}$$

mit Wz Weiszzahl

       l_{char} charakteristische Länge in m

       D_{eff} effektiver Diffusionskoeffizient in $m^2 \cdot s^{-1}$

       ρ_{Kat} Dichte des Katalysators in $kg \cdot m^{-3}$

       r_m massenbezogene Reaktionsgeschwindigkeit

Die charakteristische Länge ist definiert als Verhältnis des Katalysatorvolumens zu der äußeren, geometrischen Oberfläche des Katalysatorformkörper.

$$l_{char} = \frac{V_{Kat}}{F_{geo}} \tag{A.23}$$

Verläuft die Reaktion mit einem Geschwindigkeitsgesetz erster Ordnung und ohne Einfluss des äußeren Stofftransportes,

$$-\frac{1}{m_{Kat}} \cdot \frac{dN_{Ester}}{dt} = r_m = k_m \cdot C_{Ester} \tag{A.24}$$

mit m_{Kat} Masse Katalysator in kg

       N_{Ester} reagierte Stoffmenge Ester in mol

       C_{Ester} Esterkonzentration in $mol \cdot m^{-3}$

       k_m massenbezogener Geschwindigkeitskoeffizient in $m^3 \cdot g^{-1} \cdot s^{-1}$

gilt nach dem Weisz-Prater-Kriterium, dass ein Einfluss durch inneren Stofftransport auf die Reaktion bei einer Weiszzahl kleiner 0,6 vernachlässigt werden kann.

$$Wz = \frac{l_{char}^2 \cdot \rho_{Kat} \cdot k_m}{D_{eff}} \leq 0,6 \tag{A.25}$$

Der Porendiffusionskoeffizient d_p setzt sich aus dem binären Diffusionskoeffizienten nach Gleichung A.17 und dem Knudsendiffusionskoeffizienten zusammen.

$$\frac{1}{D_p} = \frac{1}{D_{Kn}} + \frac{1}{D_{12}}$$

(A.26)

mit D_p Porendiffusionskoeffizient in $m^2 \cdot s^{-1}$

       D_{12} binärer Diffusionskoeffizient in $m^2 \cdot s^{-1}$ bei hohem Druck

       D_{Kn} Knudson-Diffusionskoeffizient in $m^2 \cdot s^{-1}$

Der Knudsendiffusionskoeffizient berücksicht die Hemmung der Diffusion, die aufgrund der Molekülstöße mit der Porenwand in engen Poren verursacht wird. Nach dem VDI-Wärmeatlas (VDI-Gesellschaft (2006)) wird der Knudsendiffusionskoeffizient mit Gleichung A.27 berechnet.

$$d_{Kn} = 9700 \cdot \frac{r_{Pore}}{cm} + \left(\frac{T/K}{M_{DMM}/(g \cdot mol^{-1})} \right)^{\frac{1}{2}} \cdot \frac{cm^2}{s}$$

(A.27)

mit M_{DMM} Molmasse Dimethylmaleat in $g \cdot mol^{-1}$

       T Reaktionstemperatur in K

       r_{Pore} Porenradius in m

Bei der Bestimmung des effektiven Diffusionskoeffizienten wird die Porosität und die Tortuosität des Katalysatorformkörpers berücksichtigt.

$$d_{eff} = D_p \cdot \frac{\varepsilon_{Kat}}{\tau}$$

(A.28)

mit ε_{Kat} Porosität des Katalysators

       τ Tortuosität der Porenstruktur

Der Einfluss des inneren Stofftransportes auf die Reaktion kann mit dem Porennutzungsgrad beschrieben werden. Die durch Iteration bestimmte Thielezahl und die Weiszzahl dienen zur Berechnung des Porennutzungsgrades.

$$\eta = \frac{Wz}{\Phi^2} \qquad\qquad (A.29)$$

mit Φ Thiele-Modul

η Porennutzungsgrad

Tabelle A.4: Werte und Ergebnisse zur Abschätzung des Einflusses des inneren Stofftransportes.

T	K	240
p	bar	25
F_{geo}	$m^2{\cdot}g^{-1}$	$3{,}76\cdot10^{-5}$
V_{Kat}	m^3	$1{,}57\cdot10^{-8}$
l_{char}	m	$4{,}16\cdot10^{-4}$
r_{Pore}	m	$2{,}25\cdot10^{-8}$
ε_{Kat}	%	0,6
ρ_{Kat}	$kg{\cdot}m^{-3}$	1190
M_{DMM}	$g{\cdot}mol^{-1}$	144,6
D_{12}	$m^2{\cdot}s^{-1}$	$3{,}24\cdot10^{-6}$
D_{Kn}	$m^2{\cdot}s^{-1}$	$1{,}82\cdot10^{-7}$
D_P	$m^2{\cdot}s^{-1}$	$1{,}73\cdot10^{-7}$
D_{eff}	$m^2{\cdot}s^{-1}$	$8{,}04\cdot10^{-8}$
k_m	$m^3{\cdot}kg^{-1}{\cdot}s^{-1}$	$1{,}92\cdot10^{-3}$
Wz		0,488
Φ		0,034
η		1,00

Die in Tabelle A.4 aufgeführten Werte zur Berechnung des Einflusses durch inneren Stofftransport auf die Reaktion entsprechen der am ungünstig anzunehmensten Kombination der Reaktionsparameter. Die Weiszzahl ist deutlich kleiner als 0,6 und der Porennutzungsgrad entspricht einem Wert von eins, womit eine Vernachlässigung des Einflusses durch inneren Stofftransport auf das Reaktionsgeschehen berechtigt ist.

A.2.3 Abschätzung des äußeren Stofftransportes

Anhand des Filmmodells kann der Einfluss des äußeren Stofftransportes auf die Reaktion abgeschätzt werden. Innerhalb einer hypothetischen Grenzschicht zwischen Gasphase und Katalysatoroberfläche wird das Konzentrationsgefälle mit einem linearen Ansatz beschrieben. Aufgrund idealer Durchmischung außerhalb der Grenzschicht treten im Kernvolumen der Gasphase keine Konzentrationsgradienten auf. Der Einfluss des äußeren Stofftransportes auf die Reaktion ist dann zu vernachlässigen, wenn der Konzentrationsgradient deutlich kleiner als eins ist. Grundlage der Abschätzung ist eine Bilanzierung im stationären Zustand um den Katalysatorformkörper. Hierbei wird die Geschwindigkeit der Eduktabreaktion dem Übergang aus der Gasphase an die Katalysatoroberfläche gleichgesetzt.

$$\frac{m_{Kat}}{F_{geo}} \cdot r_m = \beta \cdot (C_{Ester} - \tilde{C}_{Ester}) \tag{A.30}$$

mit m_{Kat} Masse Katalysator in kg

$\quad\quad N_{Ester}$ reagierte Stoffmenge Ester in mol

$\quad\quad C_{Ester}$ Esterkonzentration in mol·m^{-3}

$\quad\quad \tilde{C}_{Ester}$ Esterkonzentration an der Katalysatoroberfläche in mol·m^{-3}

$\quad\quad F_{Geo}$ äußere geometrische Oberfläche des Katalysatorformkörpers in m^2

$\quad\quad k_m$ massenbezogener Geschwindigkeitskoeffizient in m^3·g^{-1}·s^{-1}

$\quad\quad \beta$ Stoffübergangskoeffizient in m^2·s^{-1}

Bei der Annahme eines Geschwindigkeitsgesetzes erster Ordnung ergibt sich die Gleichung A.30 zu:

$$\frac{C_{Ester} - \tilde{C}_{Ester}}{C_{Ester}} = \frac{\Delta C_{Ester}}{C_{Ester}} = \frac{1}{\beta} \cdot \frac{m_{Kat}}{F_{geo}} \cdot k_m \tag{A.31}$$

Der Stoffübergangskoeffizient β wird mittels der Sherwoodzahl berechnet.

$$\beta = Sh \cdot \frac{D_{12}}{l_{char}} \tag{A.32}$$

mit Sh Sherwoodzahl

$\quad\quad l_{char}$ charakteristische Länge in m

$\quad\quad D_{12}$ binärer Diffusionskoeffizient in m^2·s^{-1} bei hohem Druck

Der binäre Diffusionskoeffizient kann über die Gleichungen A.16 und A.17 bestimmt werden. Die Sherwoodzahl ergibt sich nach Chilton und Colburn (1934) aus der Stoffstromdichte j_m, der Reynolds- und der Schmidtzahl.

$$j_m = \frac{Sh}{Re \cdot Sc^{\frac{1}{3}}} \tag{A.33}$$

mit Re Reynoldszahl

      Sc Schmidtzahl

      j_m dimensionslose Stoffstromdichte

Die Stoffstromdichte wird nach Carberry (2001) berechnet:

$$j_m = \frac{1{,}15}{\sqrt{\varepsilon}} \cdot Re^{-0{,}5} \text{ für } 0{,}1 < Re < 1000 \tag{A.34}$$

mit ε Schüttungsporosität

Tabelle A.5: Werte und Ergebnisse zur Berechnung des Einflusses des äußeren Stofftransportes.

T	K	240
p	bar	25
l_{char}	m	$4{,}16 \cdot 10^{-4}$
ε	%	0,4
D_{12}	$m^2 \cdot s^{-1}$	$3{,}24 \cdot 10^{-6}$
v	$m^2 \cdot s^{-1}$	$2{,}04 \cdot 10^{-5}$
k_m	$m^3 \cdot kg^{-1} \cdot s^{-1}$	$1{,}92 \cdot 10^{-3}$
Sc		6,30
Re		0,12
j_m		5,29
Sh		1,25
β	$m \cdot s^{-1}$	$9{,}13 \cdot 10^{-3}$
$\Delta c_{Ester} \cdot c_{Ester}^{-1}$		$3{,}81 \cdot 10^{-2}$

Die kinematische Viskosität wird nach Gleichung A.21, die Schmidtzahl nach Gleichung A.15 und die Reynoldszahl nach Gleichung A.14 bestimmt. Die in Tabelle A.5 aufgeführten Werte zur Berechnung des Einflusses durch äußeren Stofftransport auf die Reaktion entsprechen der am ungünstigsten anzunehmenden Kombination der Reaktionsparameter.

Der Konzentrationsgradient mit einem Wert von 0,0148 ist sehr klein, womit eine Vernachlässigung des äußeren Stofftransportes auf die Reaktion gerechtfertigt ist.

A.2.4   Mears-Kriterium

Durch die Reaktion im Katalysatorbett tritt ein Konzentrationsgradient auf. Das Kriterium nach Mears (1971) schätzt die minimale Schüttungshöhe ab, bei der dieser zusätzliche Einfluss auf die axiale Dispersion vernachlässigt werden darf. Nach Kapteijn und Moulijn (2008) ergibt sich das Kriterium zu:

$$\frac{L_{Kat-Schuettung}}{d_{Partikel}} > \frac{8}{Pe_{ax,Partikel}} \cdot ln\left(\frac{1}{1-X}\right) \tag{A.35}$$

mit $Pe_{ax,Partikel}$ axiale Pecletzahl

   $d_{Partikel}$ Durchmesser Katalysatorpartikel

   $L_{Kat-Schuettung}$ minimale Schütthöhe des Katalysatorbettes

Tabelle A.6: Werte und Ergebnisse zur Berechnung des Mears-Kriteriums für die Katalysatorschüttung im Hydrierreaktor.

T	°C	240
p	bar	25
$\dot{V}$	ml·min^{-1}	250
X_{max}		0,6
ε	%	0,4
$d_{Partikel}$	m	0,002
Re		0,61
Pe_{ax}		2,95
L_{min}	m	0,0052

Mit den in Tabelle A.3 angegebenen Werten berechnet sich die minimale Schütthöhe des Katalysatorbettes bei einem maximalen Umsatz von 60 % zu 0,52 cm (s. Tabelle A.6). Dies konnte bei allen reaktionstechnischen Messungen eingehalten werden.

A.2.5   Realgasfaktor des überkritischen Wasserstoff

Nach Yaws (1999) ist Wasserstoff ab 13 bar und 33 K (ca. -240 °C) im überkritischen Zustand. Um die Abweichung vom idealen Zustand einschätzen zu können, wird mittels Gleichung A.36 der sogenannte Realgasfaktor berechnet:

$$Z = \frac{p \cdot V_m}{R \cdot T} \qquad (A.36)$$

mit   p   Druck in bar

T   Temperatur in K

V_m molares Volumen in $m^3 \cdot mol$

R   universelle Gaskonstante

Die hierfür nötigen molaren Volumina wurden der NIST (22.09.2011) Datenbank entnommen. In Tabelle A.7 sind die Realgasfaktoren unter den Reaktionbedingungen der Gasphasenumsetzung von DMM zu THF angegeben. Für die Messreihen bei 25 bar ergeben sich maximal Abweichungen von 1 % bezüglich des reinen Wasserstoffs. Bei 40 bar beträgt die Abweichung vom idealen Zustand 1,6 %. Die Abweichungen werden wegen ihrer Geringfügigkeit als vernachlässigbar angesehen.

Tabelle A.7: Berechnete Realgasfaktoren für reinen Wasserstoff.

Temperatur in °C	Druck in bar	molares Volumen in $m^3 \cdot mol^{-1}$	Realgasfaktor
180	25	0,001523	1,0104
200	25	0,001589	1,0101
220	25	0,001656	1,0097
	40	0,001041	1,0157
240	25	0,001723	1,0094
	40	0,001083	1,0151

A.2.6 Abschätzung des minimal erforderlichen Wasserstoff/Ester-Verhältnisses

Die Prozessführung der Gasphasenumsetzung von DMM zu THF sollte so gestaltet werden, dass eine Kondensation der Reaktanten ausgeschlossen werden kann. Zum einen sind DMM, DMS, DMF, GBL und BDO Hochsieder, deren Kondensationspunkte im Bereich der Reaktionstemperaturen der Gasphasenumsetzung liegen. Zum Anderen wird angenommen, dass der Polymerbildung eine Kondensation der Reaktanten vorausgeht. In diesem Unterkapitel soll in Anlehnung an Ohlinger und Kraushaar-Czarnetzki (2003) abgeschätzt werden, welches H_2/Ester-Verhältnis mindestens erforderlich ist, um eine Kondensation der Reaktanten zu vermeiden.

Hierzu werden von allen Reaktanten die Sättigungsdampfdrücke berechnet. Das minimal erforderliche H_2/Ester-Verhältnis im Zulauf, abhängig von diskreten Werten für die Reaktionstemperatur und den Reaktionsdruck, ergibt sich aus der Zielwertiteration des Partialdruckes für jeden Reaktanten, bei dem der Sättigungsdampfdruck gerade noch nicht erreicht wird.

Im Gegensatz zu Ohlinger und Kraushaar-Czarnetzki (2003) wird eine erweiterte Antoine-Gleichung nach Yaws (1999) benutzt, s. Gleichung A.37. Der Vorteil liegt zum einen darin, dass der Dampfdruck von DMM damit erstmals berechnet werden kann und zum anderen in der besseren Beschreibung der Dampfdrücke der übrigen Reaktanten.

$$log_{10}P = A + \frac{B}{T} + C \cdot log_{10}T + D \cdot T + E \cdot T^2 \tag{A.37}$$

mit   P   Druck in Pa

        T   Temperatur in K

        A, B, C, D, E   Antoine-Konstanten

Die Parameter zur Berechnung des Dampfdruckes mit der erweiterten Antoine-Gleichung sind in Tabelle A.8 angegeben. Der Dampfdruck von DMS wird berechnet, wie in Ohlinger und Kraushaar-Czarnetzki (2003) beschrieben, da für die erweiterte Antoine-Gleichung nach Yaws (1999) keine Parameter ermittelt wurden.

In Abbildung A.4 (I) sind die Sättigungsdampfdrücke der reinen Substanzen als Funktion der Temperatur aufgetragen. Die Sättigungsdampfdrücke von MeOH und THF sind um mindestens eine Potenz größer als die der übrigen Reaktanten. Deswegen ist die Wahrscheinlichkeit einer Kondensation dieser Substanzen bei der Gasphasenumsetzung von DMM zu THF sehr gering. THF und MeOH werden bei den weiteren Berechnungen nicht mehr berücksichtigt. BDO hat

Tabelle A.8: Antoine-Konstanten der Reaktanten der Gasphasenumsetzung von DMM zu THF, entnommen aus Yaws (1999).

	DMM	GBL	BDO	THF	MeOH
A	-1,9173	10,8996	22,4549	34,87	45,6171
B	$-3,43 \cdot 10^3$	$-2,87 \cdot 10^3$	$-4,2 \cdot 10^3$	$-2,75 \cdot 10^3$	$-3,24 \cdot 10^3$
C	7,0795	$-3,86 \cdot 10^{-1}$	-4,2015	-9,5958	$-1,4 \cdot 10^1$
D	$-1,9 \cdot 10^{-2}$	$-2,65 \cdot 10^{-3}$	$-7,45 \cdot 10^{-10}$	$-1,99 \cdot 10^{-10}$	$6,64 \cdot 10^{-3}$
E	$9,23 \cdot 10^{-6}$	$1,27 \cdot 10^{-6}$	$6,81 \cdot 10^{-7}$	$-3,55 \cdot 10^{-6}$	$-1,05 \cdot 10^{-13}$

den niedrigsten Sättigungsdampfdruck, kommt aber, wie zuvor beschrieben, nicht mehr in nennenswerten Mengen im Reaktionsgemisch vor und wird ebenfalls nicht mehr berücksichtigt. Das ist der große Unterschied zur Abschätzung von Ohlinger und Kraushaar-Czarnetzki (2003), die das minimal erforderliche H_2/Ester-Verhältnis ausgehend von der Limitierung des BDO berechneten.

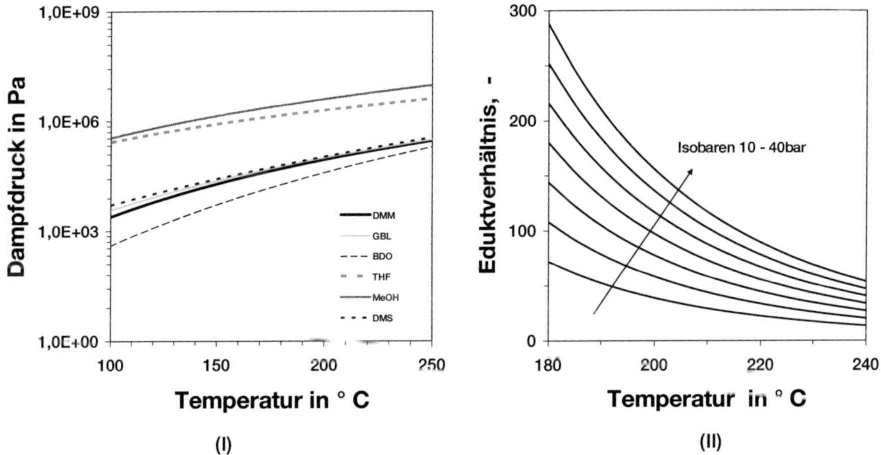

Abbildung A.4: Sättigungsdampfdruck (I) der reinen Substanzen in Abhängigkeit der Temperatur sowie das minimal erforderliche H_2/Ester-Verhältnis (II) in Form von Isobaren in Abhängigkeit der Temperatur, um Kondensation jeglicher Substanzen zu vermeiden.

Die Größenordnung der Sättigungsdampfdrücke von DMM, DMS und GBL ist etwa gleich. Der Dampfdruck nimmt in der Reihenfolge DMS, GBL und DMM ab. DMM ist somit die limitierende Substanz im Stoffgemisch mit der größten Wahrscheinlichkeit zur Kondensation. Als Edukt tritt DMM vom Verdampfer bis zum ersten Teil der Katalysatorschüttung im Reaktor auf. Dort findet die sehr schnelle Reaktion von DMM zu DMS statt. Da eine Kondensation von DMS und GBL, deren Kondensationswahrscheinlichkeit nur 2 − 4 % niedriger ist als die von DMM, im Reaktor und in den folgenden Anlagenteilen ebenfalls vermieden werden soll, ergibt sich zur Abschätzung des minimal erforderlichen H_2/Ester-Verhältnisses folgender Ansatz. Für jede Substanz wird der maximal erreichbare Stoffmengenanteil angenommen. Für DMM sowie DMS ist das der Stoffmengenstrom im Zulauf. Für GBL wird konservativ vorausgesetzt, dass DMS vollständig zu GBL reagiert. Hierdurch sollte eine Kondensation der Reaktanten in allen Anlagenteilen vermieden werden können.

In Abbildung A.4 (II) ist das minimal erforderliche H_2/Ester-Verhältnis als Isobaren in Abhängigkeit der Temperatur dargestellt. Das minimal erforderliche H_2/Ester-Verhältnis verringert sich mit steigender Temperatur sowie abnehmendem Druck.

A.3 Ergänzende Angaben

A.3.1 Ergänzende Ergebnisse der reaktionstechnischen Untersuchungen

A.3.1.1 Einfluss der Wasserstoff-Konzentration

Wie in Kapitel 4.5 wird der Einfluss der H_2-Konzentration auf den Ester-Umsatz und die Reaktorselektivitäten zu GBL und THF beschrieben. Bei den Messungen wird zunächst bei einem Gesamtdruck von 25 bar das H_2/Ester-Verhältnis 100 eingestellt und damit die Ester-Konzentration festgelegt. Anschließend wird bei konstantem Wert des Gesamtdruckes ein Teil des Wasserstoffs durch Helium ersetzt. Damit werden Messungen möglich, die bei konstanter Ester-Konzentration den Reaktionsablauf bei verschiedenen Wasserstoff-Konzentrationen verfolgen. In Abbildung A.5 sind die Ester-Umsätze in Abhängigkeit der modifizierten Verweilzeit bei 25 bar und 240 (I), 220 (II) sowie 200 °C (III) aufgetragen. Für geringere H_2-Konzentration werden niedrigere Umsätze bei gleicher modifizierter Verweilzeit erreicht.

In Abbildung A.6 sind die Reaktorselektivitäten zu THF und GBL als Funktion des Ester-Umsatzes aufgetragen. Hierbei werden die zu Abbildung A.5 beschriebenen Messreihen betrachtet. Tendenziell erreichen die Messreihen mit Inertgasanteil über einen großen Umsatzbereich geringere THF- und höhere GBL-Selektivitäten. Je geringer die H_2-Stoffmenge ist, desto geringer ist die THF- und desto höher ist die GBL-Selektivität. Gegen Vollumsatz erhält man die typischen Selektivitätsverläufe, wie sie in Kapitel 4 beschrieben sind. Dabei erreicht die THF-Selektivität 100 % bei Vollumsatz.

Extrapoliert man die Selektivitätsverläufe gegen einen Umsatz von 0 %, so erhält man die Kornselektivität. Für alle gezeigten Reaktionstemperaturen ergibt sich mit geringerer H_2-Konzentration eine höhere Kornselektivität zu GBL und eine geringere zu THF.

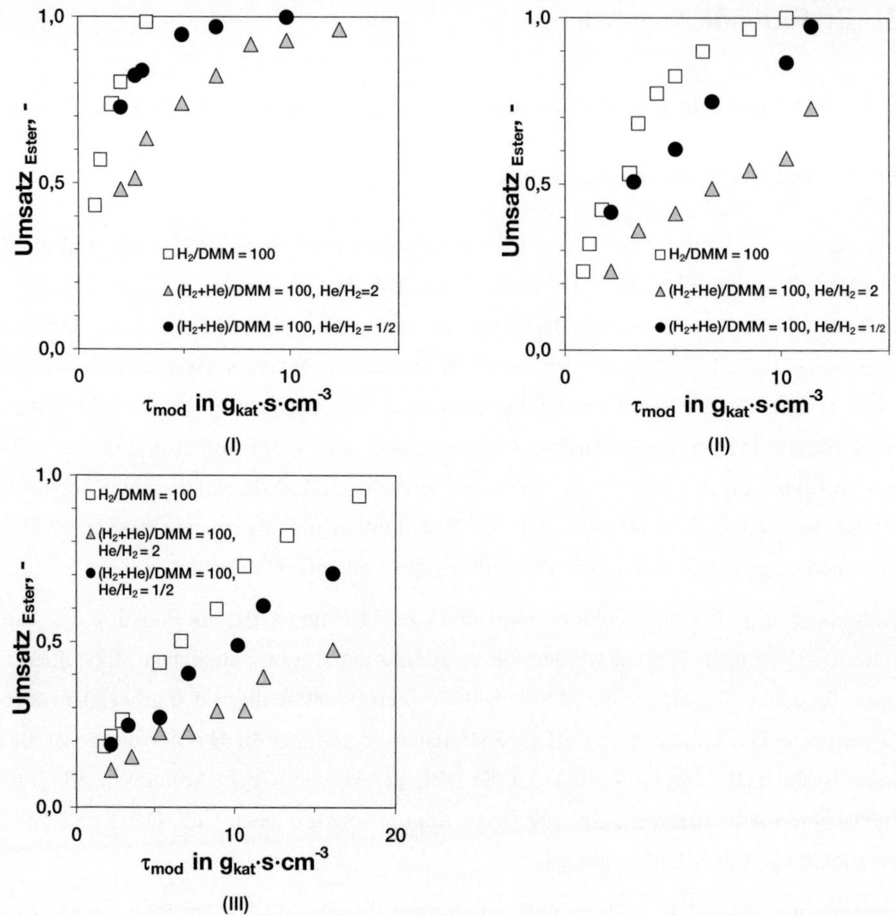

Abbildung A.5: Einfluss der H_2-Konzentration auf den Ester-Umsatz in Abhängigkeit der modifizierten Verweilzeit bei 25 bar und einer Reaktionstemperatur von 240 °C (I), 220 °C (II) und 200 °C (III).

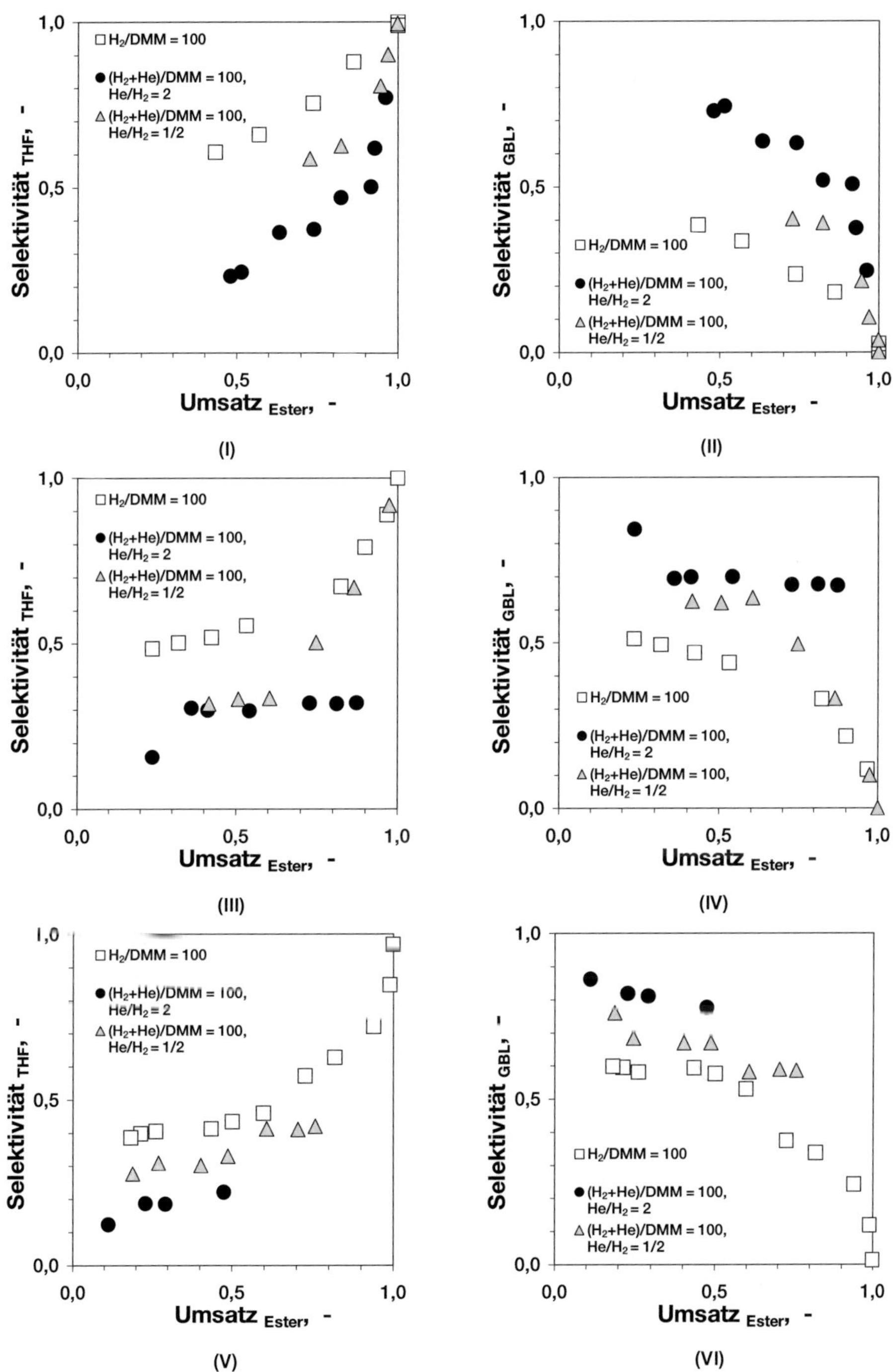

Abbildung A.6: Einfluss der H_2-Konzentration auf die Reaktorselektivität zu THF (I, III, V) und GBL (II, IV, VI) bezogen auf die C_4-Fraktion in Abhängigkeit des Ester-Umsatzes bei 25 bar und 240 °C (I, II), 220 °C (III, IV), 200 °C (V, VI).

A.3.1.2 Splitmessungen

Vor den reaktionstechnischen Messungen wurden Stofftransportlimitierungen anhand des Vergleichs der Aktivität sowie der Selektivität von Extrudaten und einer aus Extrudaten hergestellten Splitfraktion (0,2 – 0,4 mm) untersucht. Die Variation der Geometrie ändert die resultierende Thielezahl. Nach Thiele (1939) entspricht diese dimensionslose Kennzahl dem Verhältnis der intrinsichen Reaktionsgeschwindigkeit zur Diffusiongeschwindigkeit in Abhängigkeit der Katalysatorgeometrie in Form der charakteristischen Länge.

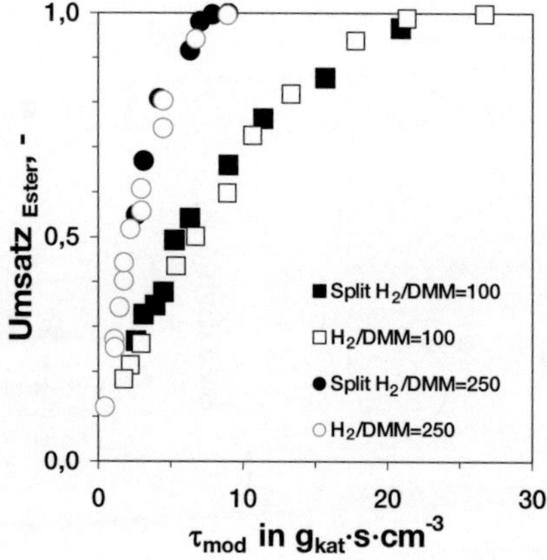

Abbildung A.7: Ester-Umsatz als Funktion der modifizierten Verweilzeit bei 25 bar und einer Reaktionstemperatur von 200 °C; Messpunkte für Split und Extrudate bei einem H$_2$/Ester-Verhältnis von 100 und 250.

In Abbildung A.7 sind die Ester-Umsätze in Abhängigkeit der modifizierten Verweilzeit für die H$_2$/Ester-Verhältnisse 100 und 250 der Extrudate sowie der Splitfraktion dargestellt. Es ist kein Unterschied in der Aktivität der unterschiedlichen Katalysatorgeometrien festzustellen. In Abbildung A.8 sind die Reaktorselektivitäten zu THF (I) und GBL (II) als Funktion des Ester-Umsatzes für die H$_2$/Ester-Verhältnisse 100 und 250 der Extrudate sowie der Splitfraktion gezeigt. Auch bezüglich der Reaktorselektivitäten ist kein Unterschied der verschiedenen Katalysatorgeometrien zu beobachten. Anhand dieser Erkenntnisse kann davon ausgegangen werden, dass bei den reaktionstechnischen Messungen der Extrudate intrinsische Reaktionsbedingungen analysiert werden.

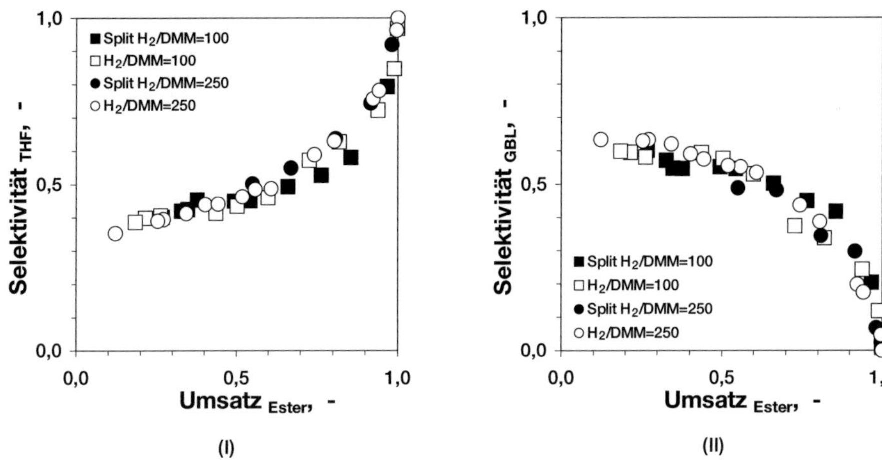

Abbildung A.8: Reaktorselektivität zu THF (I) und GBL (II) bezogen auf die C_4-Fraktion in Abhängigkeit des Ester-Umsatzes bei 25 bar und 200 °C ; Messpunkte für Split und Extrudate bei einem H_2/Ester-Verhältnis von 100 und 250.

A.3.1.3 THF-Polymerisation

In Kapitel 7 werden Polymerbildungsreaktionen beschrieben, die die Gasphasenumsetzung von DMM zu THF beeinträchtigen können. Die Polymerisation von THF zu PTMO an γ-Al_2O_3 stellt eine Option dar, wenngleich eine unwahrscheinliche. Um das Auftreten dieser Reaktion zu überprüfen, wurde ein Ausschlußversuch durchgeführt. Hierzu wurde THF in H_2 verdampft und über reine γ-Al_2O_3-Extrudate geleitet. Dabei entsprach die THF-Stoffmenge im Bypass der Stoffmenge in den Reaktoranalysen. Anhand der Kohlenstoffbilanz konnte ausgeschlossen werden, dass sich im Reaktor PTMO gebildet hatte. Die Reaktionsbedingungen und die Kohlenstoffbilanz sind in Tabelle A.9 aufgeführt.

Tabelle A.9: Versuchbedingungen und Kohlenstoffbilanz zum Ausschlußversuch der Polymerisation von THF zu PTMEG.

H_2/THF	45	
Druck in bar	40	
Temperatur in °C	180	C-Bilanz $1 \pm 0,001$
	240	C-Bilanz $1 \pm 0,008$

A.3.1.4 Nachweis von 1,4-Butandiol im Produktgemisch

Wie in Abbildung 2.25 gezeigt, besteht zwischen BDO und GBL ein Gleichgewicht, bei dem BDO aus GBL und H_2 gebildet wird. BDO dehydratisiert anschließend sehr schnell zu THF. So ergibt sich die Situation, wie in Kapitel 4.2 erläutert, dass BDO nicht oder nur in sehr geringen Mengen nachgewiesen werden kann. Tabelle A.10 gibt eine Übersicht, bei welchen Reaktionsbedingungen BDO detektiert werden konnte. Signifikant ist hierbei, dass BDO weder bei 10 bar noch bei einem H_2/Ester-Verhältnis von 250 nachgewiesen werden konnte. Darüber hinaus ergibt sich eine Temperatur- und Druckabhängigkeit. Je größer der Druck und je niedriger die Temperatur, desto größer ist der BDO-Stoffmengenanteil. Das entspricht der Kombination, bei der die Dehydratisierung langsamer verläuft. Der höchste Stoffmengenanteil BDO ergab sich für 240 °C, 40 bar und einem H_2/Ester-Verhältnis von 50 zu 0,0058.

Tabelle A.10: Übersicht der erfassten BDO-Messwerte für eingestellte Druckstufen bei 10, 25 und 40 bar, für Reaktortemperaturen von 180, 200, 220 und 240°C, sowie für Eduktverhältnisse von 50, 100, 150 und 250

Druck in bar	10 bar			25 bar				40 bar	
Temperatur in °C	200	220	240	180	200	220	240	220	240
H_2/DMM									
50	⊖	⊖	⊖	⊖	⊖	✓	✓	✓	✓
100	-	-	-	✓	✓	✓	✓	✓	✓
150	-	⊖	⊖	✓	✓	✓	✓	⊖	⊖
250	-	⊖	⊖	-	-	-	-	⊖	⊖
✓ BDO detektiert - BDO nicht detektiert ⊖ nicht untersucht									

A.3.2   Ergänzende Erkenntnisse zum Katalysatorsystem

A.3.2.1   Porenradienverteilung Übersicht

In Abbildung A.9 sind die Porenradienverteilungen bei Variation des Massenanteils (I) und bei Variation der Mischzeit (II) gezeigt. Abbildung A.9 (I) ist ergänzend zu Abbildung 8.7 sowie Abbildung A.9 (II) ist ergänzend zu Abbildung 8.9 (I) zu sehen, bei denen der Übersichtlichkeit wegen nicht alle Porenradienverteilungen aufgeführt sind.

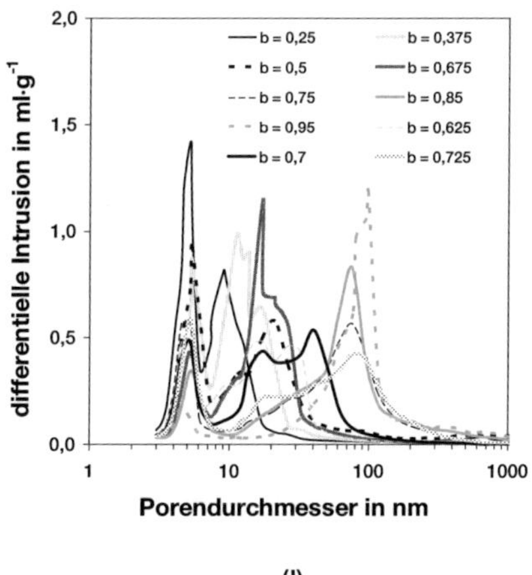

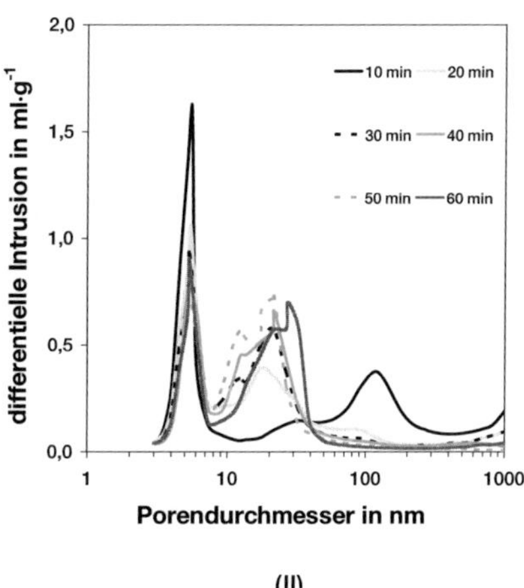

Abbildung A.9:   Einfluss des Massenanteils b auf die Porenradienverteilung (I) bei einer Mischzeit von 30 min sowie Einfluss der Mischzeit auf die Porenradienverteilung (II) bei einem Massenanteil b = 0,5. Übersichtsabbildungen mit allen durchgeführten Variationen.

A.3.2.2   Ergänzende Ergebnisse zum Einfluss des Energieeintrages

In diesem Abschnitt ist ergänzend zu Kapitel 8.4 der Einfluss des Mischens für weitere Massenanteile gezeigt. In Abbildung A.10 ist hierzu die Porenradienverteilung bei den Massenanteilen b = 0,375 (I) sowie b = 0,7 (II) für verschiedene Mischzeiten dargestellt. Wie schon in Kapitel 8.4 beschrieben, steigt mit zunehmendem Mischzeit der Energieeintrag, der einen Agglomeratzerfall bewirkt. Dadurch ergeben sich kleinere Partikel, die bei der Zusammenlagerung in den Extrudaten in kleineren Poren resultieren. In Abbildung A.10 zeigt sich das an der Verlagerung des Porenradienmaximums zwischen 10 – 100 nm zu kleineren Porenradien hin.

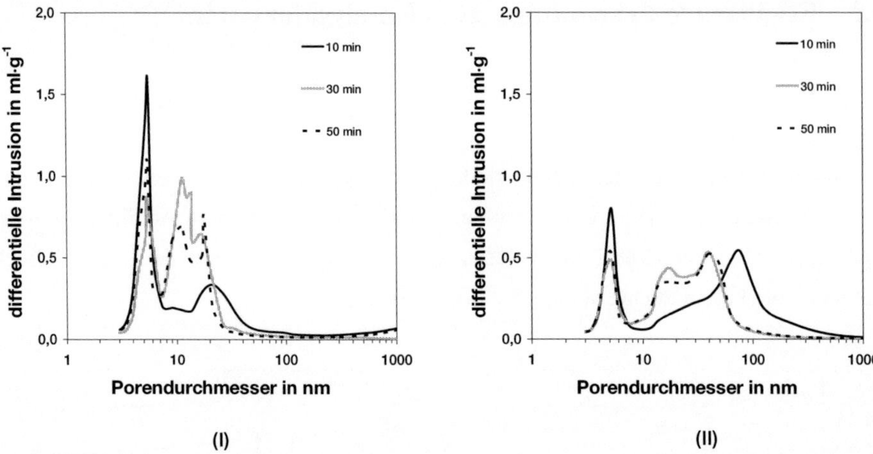

Abbildung A.10: Einfluss der Mischzeit auf die Porenradienverteilung bei einem Massenverhältnis b = 0,375 (I) sowie b = 0,7 (II).

A.3.2.3   Plastifizierhilfsmittel

Das Plastifizierhilfsmittel HEC hat zwei Aufgaben. Zum einen soll die gebundene Feuchtigkeit
die Extrusions- und Fließfähigkeit der keramischen Paste gewährleisten. Zum anderen werden
beim Kalzinieren die kohlenstoffhaltigen Bestandteile oxidiert, wodurch Poren entstehen. HEC
hat somit die Funktion eines Porenbildners und ist ein wichtiges Werkzeug zur Katalysatorgestaltung.

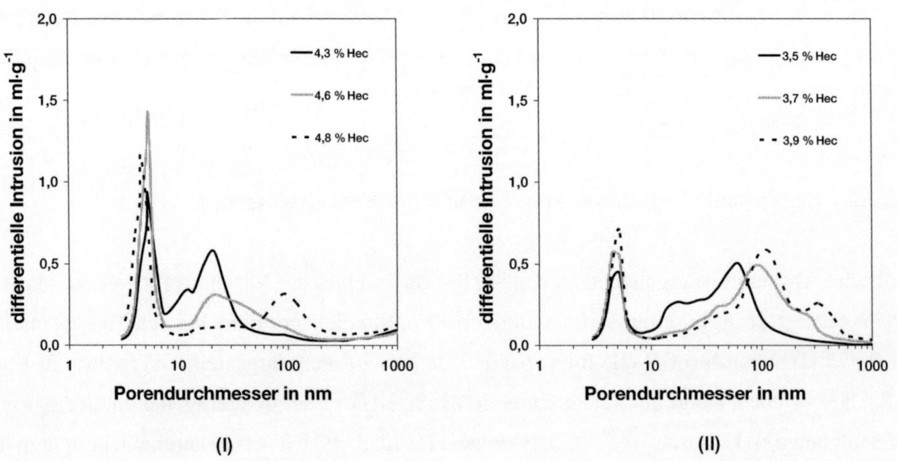

Abbildung A.11: Einfluss der HEC-Menge auf die Porenradienverteilung bei einem Massenverhältnis b = 0,5 (I) sowie b = 0,75 (II).

Eine Besonderheit bei der Herstellung dieses Katalysatorsystems ist der sehr begrenzte Bereich, in dem die keramische Paste fließfähig ist. Müller (2005) beschreibt diesen Bereich ausführlich. Dadurch sind die Möglichkeiten der gezielten Porenbildung mithilfe der HEC-Menge begrenzt.

In Abbildung A.11 sind die Porenradienverteilungen für verschiedene HEC-Mengen gezeigt. Die HEC-Menge ist als Gew.-% der Gesamtmasse ohne den Wasseranteil angegeben. Mit zunehmender HEC-Menge verschiebt sich das 2. Maximum der bimodalen Porenradienverteilung zu größeren Poren hin. Dies wird sowohl bei einem Massenanteil b = 0,5 (I) als auch b = 0,75 (II) festgestellt und korreliert mit einer geringeren Bruchfestigkeit (hier nicht dargestellt) aufgrund der größeren Porenradien, wie schon in den Kapiteln 8.3 und 8.4 diskutiert.

A.3.2.4   Extrudate mit dem Binder Pural SB1

Die physikalisch-chemischen Eigenschaften der Extrudate, die in Kapitel 8 vorgestellt werden, sind im Wesentlichen in der definierten Agglomeratauflösung des Binders Pural SB begründet. Wie in Kapitel 3.1.3 erläutert, wird die Agglomeratauflösung anhand des NAG-Wertes beschrieben. Als Kontrast zu dem Binder Pural SB sind Extrudate mit dem Binder Pural SB1 hergestellt worden. Pural SB1 hat einen NAG-Wert von unter 1 min, das bedeutet sofortiger Zerfall der Agglomeratstruktur beim Mischen der keramischen Paste.

Tabelle A.11: Charakteristika des Extrudates mit dem Binder Pural SB1.

BET-Oberfläche	$m^2 \cdot g^{-1}$	139,5
Cu-Oberfläche	$m^2 \cdot g^{-1}$	8,7
Bruchkraft	N	41,3
Knetmoment	Nm	22,0
Porosität	%	59,8

In Tabelle A.11 sind die Ergebnisse der Charakterisierungsmethoden aufgelistet. Besonders auffällig ist, dass ein hoher Energieeintrag beim Mischen der keramischen Paste notwendig ist. Aufgrund des schnellen Agglomeratzerfalles liegt der Binder Pural SB1 fast ausschließlich als Primärpartikel mit einem mittleren Partikeldurchmesser von etwa 10 nm vor. Dadurch vergrößert sich das Volumen der keramischen Paste in der Mischkammer sowie die Art der vorherrschenden Haftkräfte, wodurch ein höherer Energieeintrag im Vergleich zum Mischen der keramischen Paste mit dem Binder Pural SB erforderlich ist. Die hohe Anzahl der Primärpartikel resultiert in einer monomodalen Porenradienverteilung, siehe Abbildung A.12. Das Maximum der Porenradienverteilung mit dem Binder Pural SB1 liegt bei 12 nm. Aufgrund der vielen kleinen Poren im Vergleich zu den Extrudaten mit dem Binder Pural SB ergeben sich nach dem

Kalzinieren eine größere Anzahl an Sinterbrücken. Dadurch zeichnen sich die Extrudate mit dem Binder Pural SB1 durch eine sehr hohe Bruchfestigkeit aus, siehe Tabelle A.11.

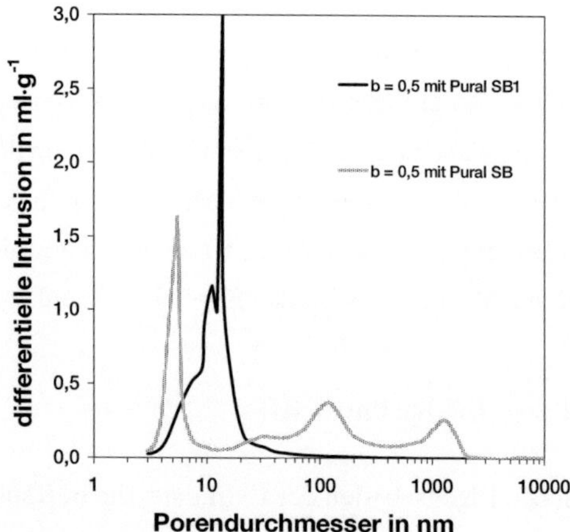

Abbildung A.12:   Porenradienverteilung eines Extrudates mit dem Binder Pural SB und eines mit Pural SB1 bei einem Massenanteil b = 0,5 und einer Mischzeit von 30 min.

A.3.2.5   Charakterisierung der Extrudate mit dem Vorläufer CuCO$_3$

Anhand der in Kapitel 3.1.2 beschriebenen Fällungsmethode, ist ein CuCO$_3$-Vorläufer ohne Zn gefällt worden. Daraus wurde in Anlehnung an Schlitter et al. (2005) und Rösch et al. (2005a) Extrudate hergestellt und charakterisiert. Die in den Patenten beschriebene Aktivität und Selektivität scheint vielversprechend. Dabei wäre interessant, ob die in vielen Veröffentlichungen hervorgehobene Adsorption des DMS an Zn sich bei diesen Extrudaten aktivitätsmindernd bemerkbar machen würde. Eine reaktionstechnische Untersuchung war im Rahmen dieser Arbeit nicht möglich.

In Abbildung A.13 sind REM-Aufnahmen des gefällten CuCO$_3$-Partikel (I) und eines kalzinierten CuO-Partikel (II) gezeigt. Dabei ist zu sehen, dass sich ein Partikel nicht aus einem Aufbauagglomerat von Plättchen ergibt, wie in Abbildung 8.3 gezeigt, sondern aus einer "Blumenkohlstruktur"von Stäbchen. Bei der Kalzinierung wandelt sich das Carbonat unter CO$_2$-Freisetzung in die Oxid-Form, wodurch die Stäbchen eine durchlöcherte Struktur annehmen (s. Abbildung A.13 (II)).

In Abbildung A.14 (I) ist die spezifische Gesamt- sowie Kupferoberfläche als Funktion des Massenanteils b$_{CuCO3}$ dargestellt. Die spezifische Gesamtoberfläche nimmt mit steigendem Massenanteil b_{CuCO3} ab, während die Kupferoberfläche zunimmt. Die Tendenzen des $CuCO_3/ZnCO_3$- und des $CuCO_3$-Vorläufers stimmen beim Vergleich mit Abbildung 8.6 überein. Der Absolutbetrag der Kupferoberfläche des $CuCO_3$-Vorläufers ist höher, da der entsprechende Zinkanteil durch Kupfer ersetzt wurde.

(I) (II)

Abbildung A.13: Rasterelektronenmiskroskop-Aufnahmen eines $CuCO_3$-Partikel (I) bei 5000facher Vergrößerung sowie nach dem Kalzinieren als CuO-Partikel (II) bei 9000facher Vergrößerung.

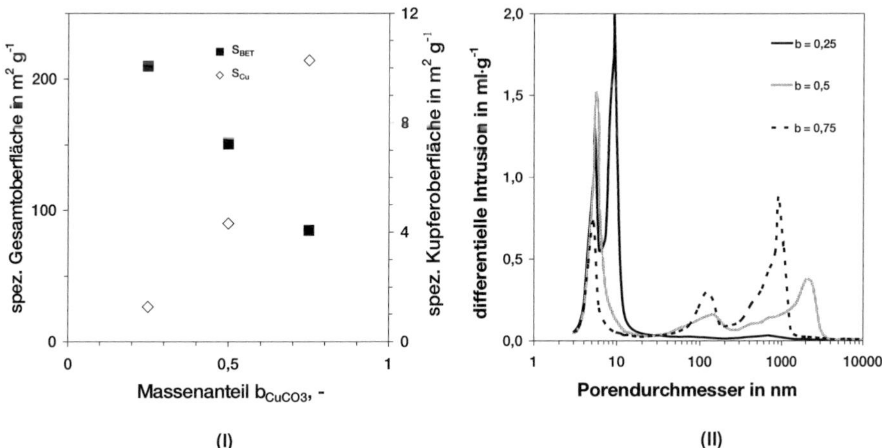

(I) (II)

Abbildung A.14: Spezifische Gesamt- und Kupferoberfläche (I) und Porenradienverteilung (II) als Funktion des Massenanteils b_{CuCO3} für Extrudate, deren keramische Paste einer Mischzeit von 30 min unterzogen wurde.

In Abbildung A.14 (II) sind die Porenradienverteilungen für die Massenanteile b_{CuCO3} 0,25, 0,5 sowie 0,75 dargestellt. Für b_{CuCO3} = 0,25 ergibt sich eine fast monomodale Verteilung der Porenradien zwischen 3 – 20 nm. Die Porenradienverteilungen für b_{CuCO3} = 0,5 und 0,75 sind trimodal mit den zusätzlichen Maxima bei etwa 100 sowie 1000 nm. Dabei ist das Maximum bei 1000 nm besonders ausgeprägt, das bei den Extrudaten mit $CuCO_3/ZnCO_3$-Vorläufer in Abbildung 8.7 nicht auftritt.

A.3.2.6   Lachgasadsorption an einem Ausbaukontakt

Turek et al. (1994), Schlander (2000) und Ohlinger (2005) berichten von einem teilweise drastischen Schwund der spezifischen Kupferoberfläche des untersuchten Katalysatorsplits unter den Reaktionsbedingungen der Gasphasenumsetzung von DMM bzw. DMS.

Die spezifische Kupferoberfläche der in dieser Arbeit reaktionstechnisch untersuchten Extrudate beträgt 2,2 $m^2{\cdot}g^{-1} \pm 0,1$. Die spezifische Kupferoberfläche nach einer reaktionstechnischen Messzeit von 300 h beträgt 2,3 $m^2{\cdot}g^{-1} \pm 0,5$. In der genannten Literatur trat die Verringerung der spezifischen Kupferoberfläche schon nach weniger als 20 h auf. Die spezifischen Kupferoberflächen sind im Rahmen der Messungenauigkeit gleich groß. Dadurch kann ein Sintereffekt des Kupfers ausgeschlossen werden. Es lässt sich vermuten, dass das Kupfer in der Extrudatmatrix weniger mobil ist.